KB039158

世界最終戰争論

세계최종전쟁론

글 이시와라 간지
번역 선정우

길찾기

世界最終戦争論 - 石原莞爾

주간 : 박관형　편집 : 홍성완　마케팅 : 이승우

[일러두기]

- 별도 언급이 없는 주석은 역자 및 편집부 주입니다.
- 본서의 최초 발간은 1940년으로, 시대의 한계, 자료 부족, 저자의 착오 등으로 인한 오류가 있습니다.
- 저본 : 「최종전쟁론(最終戦争論)」(주코문고(中公文庫), 주오코론신샤, 1993년 초판, 2001년 개판, 2013년 개판 11쇄)
- 저본의 원본 : 「최종전쟁론·전쟁사대관(이시와라 간지 선집3)」(타마이라보(たまいらぼ)출판, 1986년)
- 저본의 참조본 : 「세계최종전쟁론」(리쓰메이칸 출판부, 1940년)
- 인·지명 등 고유명사는 현재의 국경선, 국적을 기준으로 표기함을 원칙으로 하되, 저자의 의도와 당시 상황을 고려하여 예외를 두었습니다.

世界最終戦争論

세계최종전쟁론

石原莞爾

이시와라 간지

"머지않아 국가 섬멸형 최종전쟁이 벌어지고,
그 후에 절대 평화가 도래할 것이다"

태평양전쟁 전, 전쟁사 연구와 니치렌(日蓮)종 신앙을 바탕으로 탄생한 이 특이한 예견은, 만주사변에서 중일전쟁으로 다시 대미 개전으로 치닫던 군국주의 일본에 커다란 파문을 던졌다.

만주사변을 주도하며 일본의 운명을 바꾼 일본 육군의 이단아는 무엇을 말하려 했던 것일까.

목차

이시와라 간지(石原莞爾)

1889년 일본 야마가타현에서 출생. 일본 육군대학 졸업. 육군대학 교관 등을 거쳐 관동군 참모를 역임. 유럽 전쟁사 연구와 니치렌(日蓮)종 신앙을 토대로, 일본을 세계의 맹주로 삼겠다는 사명감을 품고 세계최종전쟁론을 창조해냈으며, 그 제1단계로서 만주사변을 주도했다. 참모본부 작전과장 시절에는, 만주국과 일체가 되어 총력전 체제를 갖추지 못했다는 이유로 중일전쟁 확대를 반대했다. 그로 인해 도조 히데키와 충돌하는 바람에 군에서 밀려나 예비역으로 편입 당했다.

그 후에는 리츠메이칸 대학에서 국방과학 교수로 임용되었으나 도조의 압력으로 사임하고 자신이 창설한 '동아연맹'을 주도하며 평론가로 활동했다. 2차 세계대전 종전 후에는 전면적 무력 포기를 주장하며 고향에서 개척 생활을 보냈고, 도조에 대한 전범재판에서 증인으로 활동하다 병이 악화되어 1949년 사망했다.

[참고] 이 책에는 오늘날, 대한민국의 관점에서 보자면 부적절하다고 생각할 수도 있는 주장이 담겨있다. 하지만 저자가 책을 집필한 시대적 배경과 저자의 사상적 배경을 아울러 고려하며, 독자 나름의 비판적 독서가 가능할 것이라는 믿음으로 원전을 그대로 번역하여 선보인다.

1부 최종전쟁론

쇼와 15년(1940년) 5월 29일 교토 의방회(義方會)에서 했던
강연 속기를 기초로 동년 8월 약간 수정·보완했다.

01 전쟁사의 대관

戦争史の大観

제1절 결전전쟁과 지구전쟁

전쟁은 무력을 직접 사용하여 국가의 정책을 수행하는 행위이다. 지금 미국은, 대부분의 함대를 하와이에 집중시켜두고 일본을 협박하고 있다. "일본에서 쌀이 모자란다, 물자가 모자란다고 하며 약한 소리가 나온다고 한다. 조금만 더 협박하면 중·일 문제에 대해서 일본 측이 양보할지도 모른다. 좀 더 협박해보자" 하는 식으로 하와이에 대규모 함대를 집중시켜놓았다. 즉 미국은 자기들의 대일 정책을 수행하기 위해 해군력을 빈번하게 사용한다는 것인데, 간접적인 사용이므로 전쟁이라고 할 수는 없다.

전쟁의 특징은, 너무나도 당연한 이야기겠으나 무력전이라고 할 수 있다. 그런데 그 무력의 가치가, 그 이외의 다른 전쟁 수단에게 있어 어떤 위치를 점하는지에 따라 전쟁에는 두 가지 경향이 보이게 된다. 무력의 가치가 다른 수단에 비해 높을수록 전쟁은 남성적이고 힘세며 굵고 짧아진다. 바꿔 말하자면 양성(陽性)의 전쟁－이것을 나는 결전전쟁이라고 명명했다. 그런데 여러 가지 사정으로 인해, 무력의 가치가 그 이외의 수단, 즉 정치적 수단에 비해 절대적이지 않게 되는 경우－비교 가치가 낮아짐에 따라 전쟁은 가늘고 길며 여성적인, 즉 음성(陰性)의 전쟁이 된다. 이것을 지구전쟁이라고 부른다.

본래 전쟁의 진면목이라고 한다면 결전전쟁이어야겠으나, 지구전쟁이 되어버리는 이유는 한두 가지가 아니다. 그렇기에 같은 시대에도 어떤 경우엔 결전전쟁이 벌어지고 어떤 경우엔 지구전쟁이 벌어지게 된다. 그러나 두 가지 전쟁으로 갈라지는 최대 원인은 시대적 영향이다. 그 때문에 군사상의 세계 역사를 살펴보면 지금까지 결전전쟁의 시대와 지구전쟁의 시대가 번갈아가면서 나타났다.

전쟁에 대해서 논하자면, 싸움 좋아하기로 유명한 서양이 본고장이라 할 수 있다. 특히 서양에는 비슷한 정도의 힘을 가진 강국이 다수 인접되어 있고, 또한 전장의 넓이도 알맞는 편이라 결전·지구 양전쟁의 시대적 변천이 잘 나타난다. 일본의 싸움은 "멀리 있는 자는 소리를 듣고……"[1]라고 하면서 시작된다. 전쟁인지 스포츠인지 알 수가 없다. 그렇기 때문에 나는 전쟁의 역사를, 특히 전쟁의 본고장인 서양 역사를 통해 생각해보고자 한다. (70페이지의 표1 참조)

1 원래는 "멀리 있는 자는 소리를 듣고, 가까이 있는 자는 눈으로 똑바로 봐라(遠からん者は音にも聞け，近くば寄って目にも見よ)"라고 한다. 일본의 사전인 「대사림(제3판)」(산세이도)에는 '전장에서 무사가 자신의 이름을 밝힐 때 하는 말'이라고 설명되어 있다. 무사가 싸우기 전 자신의 이름이나 집안을 밝히는 것, 소위 '나노리(名乗り)'라는 것이다. 일본의 전투는 먼저 "야아야아"라는 외침을 통해 우선 주변의 이목을 끈 다음 이렇게 말하면서 시작된다.
이런 일은 일본 헤이안 시대 말기에 자주 있었다고 한다. 실제로 이 문구가 널리 알려진 것은 전장에서 보고 왔다며 민중들에게 이야기를 들려주는 이야기꾼들을 통해서였기 때문에, 실제로는 옛날이야기의 "옛날옛적 어느 곳에…"와 같은 일종의 관용구라고 할 수 있다. 이 문구는 일본의 고전 소설 「헤이케 모노가타리(平家物語)」에 등장한다. '나노리'에서는 상대방 및 자기 편에 대해 성명, 신분, 가계를 비롯하여 자신의 공로, 주장, 정당성까지 큰 소리로 외치는 것이 예의범절이었는데, 그 말을 하는 동안 공격하는 것은 비겁한 것으로 여겨졌다고 한다. 자기 편의 사기를 올리고 상대방의 기세를 꺾거나 도발하는 목적으로 행해졌다. 또한 상대방이 누구인지를 알아내어, 싸움에 승리했을 시에는 논공행상에도 중요한 역할을 했다고 한다.

제2절 **고대 및 중세**

고대 그리스, 로마 시대에는 국민개병(國民皆兵)제[2]였다. 반드시 서양만 그런 것도 아니었다. 일본이나 중국 역시도 마찬가지였다. 원시 시대에는 사회 사정이 대체로 인간의 이상적 형태를 띠고 있는 경우가 많은 듯한데, 전쟁도 비슷한 것이었던 것 아니었을까 싶다. 그리스, 로마 시대의 전술은 지극히 질서정연한 전술이었다. 많은 병사가 밀집하여 방진(方陣)을 만들고, 그 진을 교묘하게 전진, 후퇴시키면서 적을 압도하는 방식이었다. 오늘날에도 그리스, 로마 시대의 전술은 여전히 군사학의 연구 대상이다. 국민개병제와 질서정연한 전술 측면에 있어, 이 시대의 전쟁은 결전적 색채를 띠고 있었다. 알렉산더 전쟁, 시저(카이사르) 전쟁 등에서는 비교적 정치의 제약을 받지 않은 채 결전전쟁을 벌일 수 있었다.

그런데 로마 제국 전성기가 되자, 국민개병제가 점차 무너지고 용병을 쓰게 되었다. 이것이 원인이 되어 결전전쟁적 색채가 지구전쟁적으로 변화하게 된 것이다. 역사적으로 생각해보면 동양에서도 마찬가지였다. 이웃 중국에서는 한족(漢族)이 가장 번성했던 당나라 중엽부터 국민개병제가 문란해져서 용병제로 타락해버렸다. 그 후로 한족의 국가 생활력이 이완되어 버렸다. 오늘날까지도 그 상황이 계속돼왔지만, 이번 중일전쟁에서 중화민국[3]은 매우 분발하여 용감히 싸우고 있다. 하지만 그럼에도 불구하고 아직까지 진

---

2 국민 모두가 국방을 담당한다는 개념. 다만 대부분의 국가에서 실제 징병 및 병역의 의무는 남성만 지는 경우가 많다.

3 1912년 신해혁명을 통해 청나라를 멸망시키고 중국에 세워진 아시아 최초의 공화국. 국공 내전을 통해 1949년 10월 중국 공산당이 내륙에 중화인민공화국을 세우면서 국민당을 중심으로 한 중화민국은 대만(타이완)으로 이전하게 되었다.

정한 국민개병에는 이르지 못한 상태이다. 오랫동안 문(文)을 숭상하고 무(武)를 천시해온 한족의 고민은 매우 심각한 것이지만, 이번 전쟁을 계기로 어떻게든 옛 한족으로 돌아갈 것을 나는 희망한다.

다시 이야기를 돌려서, 이리하여 병제(兵制)가 혼란스러워지고 정치력이 이완되는 바람에 모처럼 로마가 통일한 천하가 예수의 승려들에게 실질적으로 정복당하게 된다. 그것이 중세이다. 중세에는 그리스, 로마 시대에 발달되었던 군사적 조직이 전부 붕괴되고, 기사의 개인적 전투로 바뀌어 버렸다. 일반문화에 있어서도 중세라고 하면 관점에 따라 암흑시대라고 말하는데 군사적으로도 마찬가지인 것이다.

제3절 **문예부흥**

그리고 문예부흥(르네상스) 시대에 접어든다. 문예부흥기에는 군사적으로도 큰 혁명이 일어났다. 바로 총의 사용이다. 선조대대로 무용(武勇)을 자랑하던 명문 기사라도 동네사람의 총 한 방에 쓰러지게 된다. 그로 인해 무사들의 일 대 일 결투 시대는 필연적으로 붕괴하고, 다시금 옛날 전술이 생겨나 사회적으로 큰 변화를 초래하게 되었던 것이다.

당시 특히 십자군의 영향을 받아 지중해 방면 및 라인강 방면에서 상업이 매우 발달하게 되었다. 소위 중상주의(重商主義)의 시대로서 무엇보다도 돈이 중요했다. 군사제도도 예전의 국민개병으로 돌아가지 않고 로마 말기의 용병제로 돌아갔던 것이다 .그런데 새롭게 발전된 국가가 전부 작았기 때문에 항상 많은 군대를 유지할 수가 없었다. 그래서 스위스 등에서 '군대 장사', 즉 전쟁의 청부업이 만들어졌고 국가가 전쟁을 시작하려면 그 청부업자들에게서 병사를 고용해오게 되었다. 그런 식으로 고용된 병사들로는 전쟁의 심각한 본성이 발휘될 수 있을 리가 없다. 필연적으로 지구전쟁으로 타락해버리게 된다. 하지만 전쟁이 일어날 것 같을 때에 여기에서 3백 명 고용해와라, 저기에서 백 명 고용해와라, 가능한 한 싸게 깎아서 고용해라, 이런 식으로는 믿음직스럽지 못하다. 따라서 국가의 힘이 증대됨에 따라 점차 '상비 용병'의 시대가 된다. 군벌 시대의 중국 군대와 같은 형태이다. 상비 용병은 전술이 고도로 기술화된다. 경력자들 간의 싸움에서는 교묘하게 주고받는 전술이 발달한다. 하지만 역시 돈으로 고용된 것이기에, 당시 사회 통제의 원리였던 전제(專制)가 전술에도 그대로 이용되었다.

그 형식이 지금도 일본 군대에 남아 있다. 일본의 군대는 서양의 방식을 배워온 것이니 자연스러운 결과이다. 예를 들어 구령을 내릴 때에 검을 뽑고서 "차렷"이라고 말한다. "명령을 듣지 않으면 베겠다."고 엄포를 놓는 것이다. 물론 실제로 그런 생각을 갖고서 검을 뽑는 것은 아니겠지만, 이런 지휘 형식은 서양의 용병 시대에 만들어진 것으로 생각된다. 칼을 뽑아 친애하는 부하들에게 구령을 내리는 것은 일본 방식이 아니다. 일본에서는 필요하다면 지휘채(사이하이: 采配)[4]를 휘두른다. 경례할 때에 "머리 오른쪽"이라고 구령을 내리며 지휘관은 칼을 앞으로 던진다. 그것은 무기를 버리는 동작이다. 칼을 던져버리고 "당신한테 저항하지 않겠다."는 의미를 보여주는 유풍일 것이다.

또한, 보조를 맞춰 걷는 것은 전제 시대 용병이 비 오듯 쏟아지는 총탄 속을 두려움을 억누른 채 적을 향해 전진하게 시키기 위한 훈련 방법이었다. 돈으로 고용된 병사에게는 아무래도 전제적인 방법을 쓰지 않을 수가 없다. 병사들의 자유를 허락할 수가 없다. 그렇기에 총이 발달되자 사격을 하기 쉽도록, 또 같은 편의 손해를 경감시키기 위해 대형이 점점 옆으로 넓고 깊이는 얕도록 바뀌었다. 하지만 그때까지만 해도 아직 전제 시대였기 때문에 횡대(橫隊) 전술에서 산병(散兵)[5] 전술로 비약하는 것은 쉽지 않았던 것이다.

---

4 전쟁을 지휘할 때에 사용하는 지휘채. 16세기 무렵부터 널리 사용되었다고 하며, 에도 시대에 다양화되었다. 「무기와 방어구(일본편)」(2004.07.01, 도서출판 들녘)에 따르면, 꼬챙이 부분의 길이는 60센티미터 전후이고 끝 부분에 구멍을 뚫어 채를 연결하는 모양이라고 한다.

5 보병의 전투 대형의 일종. 병사를 어느 정도 적당한 간격으로 띄엄띄엄 흩어놓는 것을 가리킨다. 한자사전은 산병의 3번째 의미로 '적전에서 군사를 한군데에 모으지 아니하고 서로 적당한 거리를 두고 각자 자유로이 행동하여 사격의 위력을 나타내도록 산개시키는 일, 또는 그 병졸'이라고 나와 있다. 횡대나 종대 등 밀집대형과는 별개의 개념이다. 산병들이 적을 저지하는 위치는 '산병선'이라고 한다.

횡대 전술은 고도로 전문화된 것으로서 매우 숙련을 요하는 전술이다. 몇 만 명이나 되는 병대를 횡대로 정렬시킨다. 우리도 젊은 시절 보병 중대의 횡대분열(橫隊分列)을 만드는 데에 정말 고심했다. 몇 백 개 중대, 몇십 개 대대가 횡대로 늘어서서, 그것이 적 앞에서 움직인다는 것은 상당한 숙련이 필요한 일이다. 전술이 번잡해지고 전문화된 것은 엄청난 타락이다. 그래서야 전투가 생각대로 되지 않는다. 약간 지형에 장애물만 있어도 극복할 수가 없다.

그런 관계로 전장에 있어서 결전은 쉽게 이루어지지 않는다. 또한 오랫동안 양성되어 상업화된 군대는 매우 비싼 존재이다. 그것을 낭비한다는 것은 군주에게도 아깝기 때문에, 되도록 직접 치고받는 것은 피하고 싶다. 그런 생각에서 지구전쟁 경향이 점차 강화되는 것이다.

30년 전쟁이나, 이 시대 말기에 나온 지구전쟁의 최대 명수인 프리드리히 대왕의 7년 전쟁 등이 대표적이다. 지구전쟁에서는 전투, 즉 직접적인 치고받기로 승부를 내거나, 아니면 전투를 가능한 한 피하면서 기동력으로 적 배후로 침투하여 희생을 줄이며 적 영토를 잠식한다. 그 두 가지 수단이 주로 채용된다.

프리드리히 대왕은 당초엔 당시 풍조와 달리 병력을 사용한 전투를 많이 행했는데, 결국은 많은 피를 봐야 하는 전투로 전쟁의 운명을 결정짓지 못하고 기동력 중심으로 넘어가게 되었다. 프리드리히 대왕을 존경하고 대왕의 기동 연습을 견학한 적도 있는 프랑스의 어느 유명한 군사학자는, 1789년 다음과 같이 말한 바 있다. "큰 전쟁은 앞으로 일어나지 않을 것이고, 향후 대전투를 보게 되는 일은 없을 것이다." 장차 커다란 전쟁은 일어나지 않고, 전쟁이 일어나더라도 피 튀기는 대전투 대신 주로 기동성을 통해 되도록 병사들의 피를 보지 않으면서 전쟁을 하게 될 것이라는 의미이다.

즉 여성적 음성(陰性)의 지구전쟁 사상을 철저히 추구한 것이다. 하지만 세상이란, 어느 한쪽으로 철저해지는 시기가 바로 혁명의 때인 것이다. 아이러니하게도 이 군사학자가 그런 발표를 한 1789년은 프랑스혁명이 발발한 해이다. 이처럼 지구전쟁이 철저하게 추구되었던 때에 프랑스혁명이 일어난 것이다.

제4절 **프랑스혁명**

프랑스혁명 당시에는 프랑스에서도 전쟁에 용병을 쓰는 것이 선호되고 있었다. 그런데 다수의 병사를 고용하는 데에는 돈이 아주 많이 든다. 하지만 아쉽게도 당시 전 세계를 적으로 돌린 가난한 프랑스로선 도저히 그럴 돈이 없었다. 어떻게도 할 수가 없다. 국가의 멸망에 직면하여 혁명의 기운이 타오르는 프랑스는, 결국 민중의 반대를 무릅쓰고 징병제도를 강행했다. 그 때문에 폭동까지 일어난 것인데, 활기가 있는 프랑스는 폭동을 진압하고 어떻게든 백만 대군－실질적으론 그만큼이 아니었다고 일컬어지지만－을 모아, 사방에서 프랑스로 쇄도해 들어오는 숙련된 직업군인으로 구성된 연합군에 대항했다. 그 당시 전술은 앞서 언급한 횡대였다. 횡대가 좀 갑갑하기 때문에 횡대보다 종대(縱隊)가 좋다는 의견도 나왔지만, 군사계에선 횡대론자가 여전히 절대다수를 차지하고 있었다.

그런데 횡대전술은 아주 정밀한 숙련을 필요로 하기 때문에 갑자기 징집된 농민들이 그런 고급 전술을 수행하는 일은 불가능하다. 좋고 나쁘고가 아니라, 안 된다는 걸 알면서도 종대전술을 써야했다. 산병전술을 채용한 것이다. 종대 상태로는 사격이 어려우니 앞쪽에 산병을 먼저 내보내어 사격시키고 그 후방에 운용하기 쉬운 종대를 배치했다. 횡대전술에서 산병전술로 변화한 것이다. 그렇게 하는 쪽이 더 낫다고 생각해서 변화 한 것이 아니라, 어쩔 수 없어서 그렇게 했다. 그런데 마침 그것이 시대의 성격에 가장 걸맞았다. 혁명의 시대란 대개 그런 것이라고 생각된다.

오래 전부터의 횡대전술이 매우 가치있는 고급전술이란 상식이 통용되던 시기에, 갑자기 새로운 시대가 닥쳐온 것이다. 새로운 시대로 옮겨가고 싶어서 옮긴 것은 아니다. 저급이라고 생각하면서도 어쩔 수 없이, 도저히 다른 수가 없어서 옮겼다. 그런데 그렇게 할 수밖에 없어 선택한 산병전술 덕분에 지형의 속박에 기인한 '결전 강제의 곤란'을 극복하고 용병술에 있어 엄청난 자유를 획득했을 뿐 아니라, 자유를 동경하던 프랑스 국민의 성격에도 잘 맞았다.

더불어 용병 시대와는 달리 공짜로 군대를 모아오는 것이니만큼 대장은 국왕의 재정에 구애받는 일 없이 마음껏 작전을 펼칠 수 있게 되었다. 그런 관계로 인해 18세기에 전쟁이 지구전쟁이어야만 했던 이유가 자연스레 소멸되어 버렸다.

그런데 그런 식으로 바뀌고 나서도, 적의 대장은 물론이고 새로운 군대를 지휘한 프랑스측 대장 역시도 여전히 18세기의 낡은 전략을 그대로 쓰고 있었다. 토지를 공방의 목표로 삼고 넓은 정면에 병력을 분산시켜 지극히 신중하게 전투를 해나가는 방식이다. 이때 프랑스 혁명으로 만들어진 군제 및 전술상의 변화를 벗어나 자신의 직감력으로 새로운 전략을 발견하고 과감하게 운용했던 것이 불세출의 군략가 나폴레옹이었다. 즉 나폴레옹은 당시의 용병술을 무시하고 요충지에 병력을 모아 전선을 돌파한 것이다. 돌파에 성공하면 도망치는 적을 끝까지 쫓아가 철저히 격파했다. 적 군대를 격멸하면 전쟁의 목적은 달성되는 것이니 토지를 작전 목표로 삼을 필요는 없어진다.

적 대장은 나폴레옹이 병사를 한 곳에 집중시키고 무턱대고 돌진해오면, 그런 건 무리다, 황당한 소리다, 병법을 모르는 것 아니냐 하다가 패배하고 말았다. 그러므로 나폴레옹의 전쟁 승리는 대등한 행위를 한 것이 아니다. 종래와는 전혀 다른 전략을 교묘하게 활용한 것이다. 나폴레옹은 적의 의표를 찌르고 적군의 정신에 일대 전격을 가하여 마침내는 전쟁의 신이 된 것이었다. 하얀 말을 타고 전장에 나온 모습만으로도 적들은 정신적으로 타격을 입었다. 고양이에 물린 쥐처럼 멍하니 멈춰 설 수밖에 없었다.

그 전까지는 30년 전쟁, 7년 전쟁 등 긴 전쟁이 당연했는데, 몇 주일이나 몇 개월 만에 커다란 전쟁의 운명을 일거에 결정지어버리는 결전전쟁의 시대가 된 것이다. 그렇기 때문에 프랑스혁명이 나폴레옹을 낳았고, 나폴레옹이 프랑스혁명을 완성시켰다고 말할 수 있다.

특히 여러분께 주의를 당부하는 것은, 프랑스혁명에 있어 군사상의 변화가 일어난 직접적인 원인은 병기의 진보가 아니었다는 점이다. 중세 암흑시대로부터 문예부흥기로 옮겨갈 때에 군사상의 혁명이 일어난 것은, 총의 발명이란 병기 관계의 일이었다. 하지만 프랑스혁명 때에 횡대전술에서 산병전술로, 지구전쟁에서 결전전쟁으로 이행된 직접적인 동기는 병기의 진보가 아니다. 프리드리히 대왕이 사용한 총과 나폴레옹이 사용한 총에는 큰 차이가 없다. 사회제도의 변화가 군사상의 혁명을 일으킨 직접적인 원인이었다. 얼마전 제국대학[6] 교수들이 이에 관해 "뭔가 최신병기가 있었겠죠."라고 하기에 "최신병기는 없었습니다."라고 답했더니, "그렇다면 병기의 제조능력에서 혁명이 일어났습니까?"라고 했다. 하지만 "그런 것도 없었습니다."라고 답할 수밖에 없었다. 병기의 진보에 의해 프랑스혁명이 성공했다고 하지 않으면 학자들은 곤란한 모양이지만, 곤란하든 말든 사실은 어쩔 수가 없다. 다만 병기

6 1886년 일본에서 공포된 '제국대학령'을 통해 설립된 대학을 가리킨다. 1886년 도쿄대학, 1897년 교토대학을 필두로, 도호쿠대학, 규슈대학, 홋카이도대학, 오사카대학, 나고야대학 등 일본 국내에 7개, 그리고 해외에 1924년 설립된 경성제국대학, 1928년 설립된 타이베이제국대학이 있었다.

의 진보로 인해 이미 '산병'의 시대로 옮겨가고 있었기 때문에, 프랑스혁명이 일어난 때까지는 사회제도가 변화를 가로막았다고 볼 수도 있겠다.

프로이센군은 프리드리히 대왕의 위업에 자만했던 탓이지만, 1806년 독일 예나(Jena)[7]에서 나폴레옹에게 완패하면서 비로소 꿈에서 깼다. 과학적 성격을 살려 나폴레옹의 용병술을 연구하고 나폴레옹의 전술을 흉내내기 시작했다. 그렇게 되자, 특히 모스코 패전 후로는 유감스럽게도 나폴레옹은 독일 군대를 쉬이 이길 수가 없게 되어버렸다. 세상 사람들은 말기 나폴레옹이 임질 때문에 활동력이 떨어졌다느니 용병 능력이 저하되었다느니 이상한 소리를 하는데, 나폴레옹의 군사적 재능은 나이가 들면서 오히려 더 발달했다. 단지 상대방이 나폴레옹의 수법을 배웠을 뿐이다. 같은 인간인데 그리 큰 차이가 있을 리가 없지 않은가. 여러분 중에도 수재와 수재가 아닌 이가 있을 것이다. 하지만 그 차이는 그리 크지 않다. 나폴레옹의 대성공은 대혁명 시대에 남보다 앞서 새로운 시대의 용병술의 근본을 집어낸 결과이다. 천재 나폴레옹도 만약 20년 후에 태어났더라면 코르시카의 포병대장 정도로 죽었을지도 모른다. 제군들처럼 커다란 변화의 시대에 태어난 사람은 매우 행복한 것이다. 이 행복에 감사하지 않으면 안 된다. 히틀러나 나폴레옹 이상이 될 수 있는 특별한 기회 속에 태어난 것이다.

프리드리히 대왕과 나폴레옹의 용병술을 철저히 연구한 클라우

---

7 독일 중앙부 튀링겐Thüringen 자유주에 위치한 인구 10만의 도시. 바이마르와 가깝다. 예나대학이 있는 오래된 대학 도시. 정밀기계 기업인 칼 자이스Carl Zeiss가 창업된 도시이기도 하다. 나폴레옹 전쟁 당시 1806년 10월 예나-아우어슈테트 전투(Schlacht bei Jena und Auerstedt)가 있었다. 나폴레옹 1세의 프랑스군과 빌헬름 3세의 프로이센의 전투였는데, 프랑스의 승리로 프로이센 영토가 나폴레옹의 차지가 되었다.

제비츠(Carl Philipp Gottlieb von Clausewitz)[8]란 독일 군인이 근대 용병(用兵)학을 조직화시켰다. 그 이후 독일이 서양 군사학의 주류가 된다. 그리하여 몰트케(Helmuth Karl Bernhard Graf von Moltke)[9]의 오스트리아 전쟁(보오전쟁, 1866년)[10], 프랑스와의 전쟁(보불전쟁, 1870~71년) 등, 훌륭한 결전전쟁이 벌어진다. 그 후 슐리펜(Alfred Graf von Schlieffen)[11]이란 참모총장이 오랜기간 독일의 참모본부를 장악했다. 한니발(Hannibal)의 칸나이(Cannae) 전투[12]를 모범으로 삼아 적의 양익을 포위하여 기병을 그 배후로 전진시키고 적 주력을 포위 섬멸하는 것을 강조하는 등, 결전전쟁 사상을 철저히 배양시킨 상태에서 유럽전쟁이 시작된 것이다.

---

8 카를 필리프 고틀리프 폰 클라우제비츠(Carl Philipp Gottlieb von Clausewitz): 1780~1831년. 프로이센 왕국의 군인, 군사학자. 나폴레옹 전쟁에서 프로이센군 장교로 참가했다. 사후 1832년 발표된 저서 「전쟁론」을 통해 전략, 전술의 연구에 중요한 업적을 남겼다.

9 헬무트 카를 베른하르트 폰 몰트케(Helmuth Karl Bernhard Graf von Moltke, 1800~1891년): 소위 '대(大) 몰트케'라고 불리운다. 제 1차 세계대전 당시의 참모총장이었던 '소 몰트케'가 조카이다. 프로이센 및 독일의 군인, 군사학자. 1858~1888년에 프로이센 참모총장을 역임하여 덴마크와의 전쟁, 보오전쟁, 보불전쟁을 승리로 이끌어 1871년의 독일 통일에 공헌했다. 근대 독일 육군의 아버지라고 불리우고, 근대적 참모 제도의 창시자이기도 하다. 최종 계급은 원수. 일본어 위키피디아에 따르면 몰트케의 전략은 '분산 진격, 포위, 일제 공격'을 특징으로 하여 적 전력의 격멸을 주장한 클라우제비츠의 사상을 이어받았다고 한다. 그 전략을 성사시키기 위해 철도나 전신 등 신기술 도입에도 적극적이었다는 평가를 받는다.

10 보오전쟁: 1866년에 일어난 프로이센과 오스트리아 사이의 전쟁. 프로이센-오스트리아 전쟁, 7주전쟁이라고도 한다. 이 전쟁으로 인해 독일 통일은 오스트리아가 빠지고 프로이센 중심으로 진행되게 되었다.

11 알프레트 폰 슐리펜(Alfred Graf von Schlieffen, 1833~1913년): 독일제국 군인으로 최종계급은 원수이다. 독일 제국 총참모장(1891~1905년)으로 재임하던 시절 제2차 세계대전 때까지 사용된 프랑스 침공 작전 '슐리펜 플랜'을 입안했다. 슐리펜 플랜은 한니발의 칸나이 전투를 모델로 했다.

12 기원전 216년, 제2차 포에니 전쟁 때에 이탈리아 남부 칸나이 평원에서 테렌티우스 바로가 이끄는 로마군과 한니발이 이끈 카르타고군 사이에 벌어진 전투. 이 전투에서 카르타고군은 2배나 많은 로마군을 포위 섬멸하여 전사(戰史)상 포위섬멸전의 모범이 되었다.

제5절 **제1차 유럽대전**

슐리펜은 1913년, 유럽전쟁 개전을 앞두고 죽었다. 즉, 제1차 유럽대전은 결전전쟁 발달의 정점에서 발발했다. 모든 이가 전쟁은 단기간 내에 결판이 나리란 예상을 하면서 유럽전쟁을 맞이했다. 얼간이들까지 그런 생각을 갖게 될 즈음엔 이미 세상은 뒤바뀌었다. 전쟁은 모든 사람들의 예상을 깨고 4년 반이란 지구전쟁이 되었다.

하지만 오늘날에 와서 조용히 연구해보면, 제1차 유럽대전 전에 이미 지구전쟁에 대한 예감이 잠재되어 있었다는 사실을 알 수 있다. 독일에선 전쟁 전에 이미 '경제 동원의 필요성'에 관한 논의했었다. 또한 슐리펜이 참모총장으로서 입안한 마지막 대 프랑스 작전 계획인 1905년 12월 계획안은, 알자스-로렌(Alsace-Lorraine)[13] 지방의 병력을 극단적으로 줄이고 베르됭[14] 서쪽에 주력을 둔 채 파리를 많은 병력으로 포위 공격한 다음 7군단(14사단)의 강대한 병단으로 파리 서남쪽에서 멀리 우회하여 적 주력의 배후를 공격한다는, 실로 웅대한 내용이었다. (25페이지 그림 참조) 하지만 1906년에 참모총장에 취임한 몰트케 대장의 제1차 유럽대전 초반의 대 프랑스 작전은, 모두가 알다시피 개전 초기엔 파죽지세로 벨기에, 북프랑스를 석권하고 멀리 마른(Marne) 강[15] 유역까지 진출하여 일시적으론

---

13 프랑스 북동부 독일 국경에 위치한 지역 명칭. 프랑스와 독일 사이에 영토 분쟁이 일어났던 곳이기도 하다. 알퐁스 도데의 소설 「마지막 수업」으로도 유명하다.

14 프랑스의 도시. 843년 베르됭 조약(프랑크 왕국의 분할)과 1916년 제 1차 세계대전 당시의 베르됭 전투로 알려져 있다. 프랑스군과 독일군이 각각 30만명 이상의 사상자가 발생했다.

15 파리 근처의 강 이름. 제 1차 마른 전투(1914년)는 제 1차 세계대전에서 벨기에를 돌파한 독일 제국군을 프랑스군이 저지한 전투. 이 전투로 슐리펜 플랜이 좌절되었고 단기 결전이 아닌 장기전으로 전황이 변동되었다. 제2차 마른 전투(1918년)는 역시 제 1차 세계대전에서 독일군이 펼친 마지막 공세였으나 패배하여 독일의 항복을 가져왔다.

독일의 대승리처럼 생각되었다. 하지만 독일군 배치의 중심은 슐리펜 계획안과 비교할 때 동쪽으로 치우쳐 있었고 그 우익은 파리에도 도달하지 못했다. 적들이 파리 방면으로부터 반격해오자 맥없이 패배하여 후퇴할 수밖에 없었고, 결국은 지구전쟁이 되어버렸다. 이런 점 때문에 몰트케 대장이 크게 비난받고 있는 것이다. 분명히 몰트케 대장의 계획안은 결전전쟁을 의도한 독일의 작전계획치고는 상당히 불완전하다고 할 수밖에 없다. 슐리펜 계획안을 결행할 만한 반석과도 같은 의지와 충분한 준비가 있었더라면, 제1차 유럽대전도 결전전쟁이 되어 독일의 승리로 끝났을 공산이 전혀 없지는 않았다고 본다.

하지만 나는, 이 계획 변경 자체에도 지구전쟁에 대한 예감이 무의식중에 강력하게 내포되어 있던 것으로 인식하고 있다. 즉 슐리펜 시대에는 프랑스 군이 방어에 집중하리라 판단했는데, 이 후 프랑스군이 독일의 중요 산업지대인 자르(Saar)[16] 지방에 대한 병력증강을 감행했다. 그래서 독일은 프랑스군이 이 일대에 대한 공세를 감행하리라 판단하여 계획이 변경되었다고 생각된다. 또한 대규모 우회 작전이 불완전해진 문제는, 슐리펜 원수의 계획에선 중대 조건이었던 중립국 네덜란드에 대한 침범을 몰트케 대장이 단념한 것이 가장 유력한 원인이라고 나는 확신한다. 자르 광공업지대의 원호, 특히 네덜란드의 중립 존중은 지구전쟁을 위한 경제적 고려에 의한 판단이다. 즉 결전전쟁을 외치고 있던 독일 참모본부 수뇌부의 가슴 속에, 그들이 분명하게 자각하지 못한 틈에 지구전쟁적

16 1947년부터 1956년까지 존재했던 프랑스의 보호령. 제2차 세계대전 종전 후 독일에서 분리되었다. 지금의 독일 자를란트주에 해당한다. 당초 프랑스가 독일로부터 영구 분리시키기 위해 친 독일 정당을 금지시키고 나중에는 아예 독립시키려고 했으나, 결국 주민 투표 결과 독일로의 복귀가 결정되어 1957년 서독으로 반환되었다.

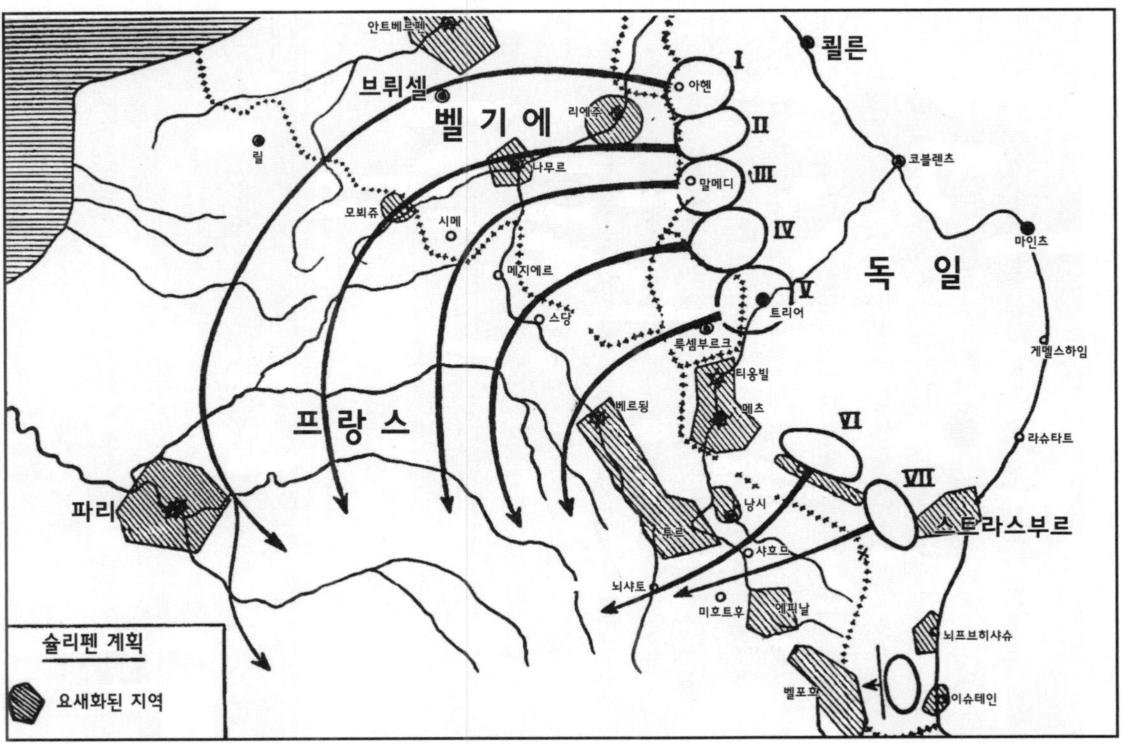

쾰른
코블렌츠
마인츠
독 일
게멜스하임
라슈타트
스트라스부르
뇌프브히샤슈
이슈테인
벨포르
에피날
미르쿠르
샤르므
낭시
툴
뇌샤토
메츠
티옹빌
룩셈부르크
트리어
베르됭
I
II
III
IV
V
VI
VII
아헨
말메디
리에주
나무르
메지에르
스당
브뤼셀
벨기에
안트베르펜
시메
모뵈주
릴
프랑스
파리
슐리펜 계획
요새화된 지역

고려가 추가되고 있었다는 사실은 매우 흥미 깊은 문제가 아닐 수 없다.

4년 반이란 기간은 30년 전쟁이나 7년 전쟁과 비교할 때 짧게 느껴지지만 긴장감이 다르다. 옛날 전쟁은 30년 전쟁이라고 부르긴 해도 중간에 오랜 휴식기가 있다. 7년 전쟁에서도 겨울이 되면 용병을 오랫동안 추운 곳에 두면 전부 도망치므로 상호간에 휴식을 취한다. 그러나 제1차 유럽전쟁에선 철저한 긴장이 4년 반이나 이어졌다.

어째서 지구전쟁이 되었느냐 하면, 우선은 병기가 매우 진보했기 때문이다. 특히 자동화기-기관총은 지극히 방어에 적합한 병기이다. 그러므로 간단하게는 정면을 돌파할 수 없다. 두 번째로 프랑스 혁명 시절엔 국민개병이더라도 병사수가 그리 많지 않았는데, 제1차 유럽전쟁에서는 건전한 남자라면 전부 전쟁에 나섰다. 사상 최대 규모의 대병력이 되었다. 그래서 정면을 돌파할 수가 없었다. 그렇다고 하여 적의 배후로 우회하려고 해도, 병력 증가 때문에 전선이 스위스에서 북해까지 늘어져 있어서 우회도 불가능하다. 그래서 지구전쟁이 되어버렸다.

프랑스 혁명 때엔 사회의 혁명이 전술에 변화를 미쳐 전쟁의 성질이 지구전쟁에서 결전전쟁으로 바뀌었다고 한다면, 제1차 유럽대전에서는 병기의 진보와 병력의 증가에 의해 결전전쟁에서 지구전쟁으로 변화한 것이다.

4년여에 걸친 지구전쟁은 큰 전투를 피하던 18세기경의 지구전쟁처럼 진행되지 않고 연속해서 결전이 벌어졌으며, 그 사이에 자연스레 신병기를 사용한 새로운 전술이 만들어졌다.

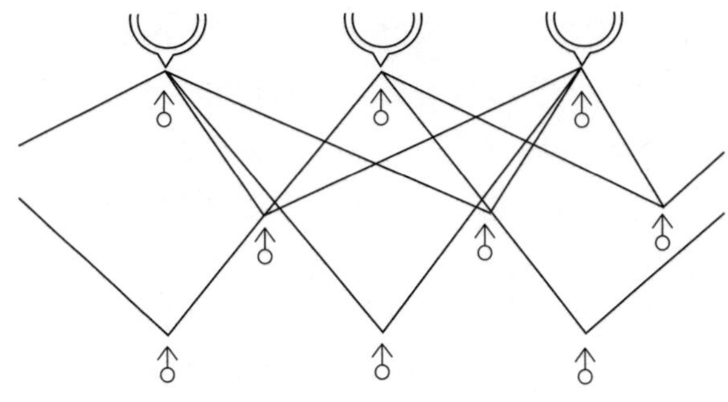

포병의 진보가 적 산병선(散兵線)의 돌파를 용이하게 했기 때문에, 방어하는 측은 몇 배나 더 적의 공격을 버텨내어야 했고 그러다보니 소위 '수선진지(數線陣地)'의 형태가 되었다. 하지만 그래서야 결국 적으로부터 각개격파 당할 위험이 있었기에 순차적으로 저항한다는 수선진지의 사고방식이 아니라 면(面) 방식의 '종심(縱深) 방어'[17]가 새롭게 만들어졌다.

즉 자동화기를 중심으로 한 일개 분대 정도(전투군(戰鬪群))의 병력이 넓은 간격으로 진지를 점령하고, 그것을 '종심'으로 배치하는 것이다. (그림 참조) 이처럼 병력을 분산함으로써 적 포병 화력의 효과를 감쇄시킬 뿐만 아니라, 이 종심에 배치된 병력은 서로 교묘하게 협조할 수 있어 공격하는 측은 단지 정면에서만이 아니라 전후좌우로부터 불규

---

17 공격측의 전진을 막는 것이 아니라 전진을 늦춰 시간을 벌면서(지연전) 공격측을 소모시키고자 하는 전략 개념이다.

칙적으로 불의의 사격을 받게 되므로 공격이 현저하게 어려워진다.

이렇게 되면 공격하는 측도 종래와 같이 선(線) 형태로 대항해서는 큰 피해를 입을 뿐이니, 충분히 종심으로 소개(疏開)하여 면(面) 형태로 전력을 발휘하도록 노력하게 된다. 횡대전술은 앞서 언급했듯이 전제적인 지도 정신을 필요로 했던 것에 비해, 산병전술은 각 병사, 각 부대에 충분한 자유를 주고 그 자주적 활동을 장려하는 자유주의적 전술이다. 하지만 면 형태로 방어하고 있는 적을 공격하는 데에 각 병사, 각 부대의 자유에 맡겨두어서는 커다란 혼란에 빠질 뿐이다. 따라서 지휘관의 명확한 통제가 필요해지게 되었다. 면 형태의 방어를 하기 위해서는 일관된 방침에 기반을 둔 통제가 필요하다.

즉 오늘날의 전술에 필요한 지도 정신은 '통제'이다. 하지만 횡대전술처럼 강권적으로 각 병사의 자유 의지를 억누르고 맹종시키는 것과는 근본적으로 다르다. 각 부대, 각 병사의 자주적, 적극적, 독단적 활동이 가능할 수 있도록 명확한 목표를 지시하고 혼잡과 중복을 피하는데에 필요한 만큼의 통제를 가하는 것이다. 자유를 억제하기 위한 통제가 아니라 자유 활동을 장려하기 위한 통제라고 해야 하겠다.

다음과 같은 새로운 전술은 제1차 유럽대전 중에 자연적으로 발생되었고 종전 후에는 특히 소련의 적극적 연구가 커다란 진보를 가져왔다. 유럽대전의 희생을 피할 수 있었던 일본은 가장 뒤늦게 새로운 전술을 채용했고 오늘날 연구 훈련에 열심히 매진하고 있다.

또한 제1차 유럽대전이 도중에 지구전쟁으로 바뀐 원인은 서양인들의 정신력이 박약한 탓이므로 야마토 혼(大和魂)을 갖고 대처

하면 즉전 즉결이 가능하다는 식의 용감무쌍한 논의가 왕성히 이루어지기도 했다. 하지만 그 진상이 밝혀지게 되자 실은 전쟁이 이미 수 년동안 장기전쟁·총력전의 형태였고 무력만으로는 결판이 나지 않는다는 것이 상식이 되어 있었다. 제2차 유럽대전 초기에도 모든 사람이 지구전쟁이 될 거라 생각했으나 최근 독일군이 거둔 대성공으로 인해 그 점에 커다란 의문이 생겼다.

제6절 **제2차 유럽대전**

제2차 유럽대전에서 독일이 소위 '전격(電擊)전'으로 폴란드, 노르웨이 등의 약소국에 대해 신속한 결전전쟁을 강행할 수 있었던 이유는 그다지 놀랄 만한 일이 아니다. 하지만 프랑스·영국군은 아마도 마지노(Maginot)·지크프리트(Siegfried) 선[18]에서 대치하면서 서로 간에 돌파가 매우 어려워 지구전쟁이 되리라 생각했던 듯하다.

독일이 네덜란드, 벨기에에 침입하는 일이 있더라도 그것은 영국에 대한 작전기지를 얻기 위함이지 연합군 주력과 진정한 대결전이 벌어지리라고는 생각할 수 없었다. 따라서 5월 10일 이후 독일의 맹공은 순식간에 네덜란드, 벨기에를 굴복시키고 난공불락이라 믿어지던 마지노 연장선을 돌파했다. 그로 말미암아 독일의 공세는 벨기에에 진출한 프랑스·영국군의 배후에까지 닥치게 되었고, 곧 연합군 주력을 격멸한 후 즉시 돌아서서 마지노선 서쪽 지구로부터 파리에 접근했다. 그리고는 파리까지 점령함으로써 네덜란드 침입 이후 단 5주 만에 강적 프랑스에 정전 협정 요청을 받아내기에 이르렀다. 이는 곧 세계 역사상 미증유의 대전과로서, 프랑스에 대해서 훌륭한 결전전쟁을 수행했다고 할 수 있다. 하지만 과연 이것이 오늘날의 전쟁이 가진 본질인가 하는 질문을 받는다면, 나는 '아니다'라고 답하겠다.

제1차 유럽대전에서 독일의 무력은 연합군에 비해 많은 점에서 극히 우수했지만, 병력은 훨씬 열세였고 전의(戰意)는 양쪽 모두 밀

---

18 마지노선은 프랑스가 독일에 대항하기 위해 국경에 구축한 요새선이다. 프랑스 육군장관 앙드레 마지노의 이름에서 유래한다. 지크프리트선은 1930년대 후반 독일 히틀러가 프랑스를 막기 위해 국경에 구축한 요새선이다. 제 1차 세계대전 때에 구축된 방위선(힌덴부르크선)에서 발단되었다. 독일의 전설적인 영웅 지크프리트의 이름을 따서 만들어졌다.

리지 않는 모습이어서 대체적으로는 호각에 가까웠다. 하지만 히틀러가 독일을 지배한 이후 독일은 실로 거국일치, 전력을 들여 대대적인 군비 확충에 노력을 기울여왔다. 반면 자유주의의 프랑스·영국은 그런 독일의 상황을 넘겨버렸다. 그 결과 공군에 있어서는 질과 양 모두 단연 독일의 우세라는 사실은 전 세계가 동의하는 바였다. 이번에 실제로 전쟁의 막을 올려보니, 독일 기계화병단이 지극히 정예임과 동시에 우세일 뿐만 아니라, 일반사단의 수에 있어서도 프랑스·영국 측에 대해 독일은 아마도 3분의 1 이상이나 우세를 유지하고 있는 듯하다. 게다가 '영웅' 히틀러에 의해 전체 국력이 완전히 통일적으로 운용되고 있다. 그에 반해 연합군 측은, 몇 년 전 독일이 라인 진주를 결행했을 때 프랑스가 베르사유 조약을 근거로 독일에 대해 일격을 가하자고 주장했으나 영국이 이에 반대했고, 그 후에도 작전 계획에 있어 시시때때로 의견 일치를 보지 못했다고 여겨진다. 그래서 프랑스의 전의는 제1차 유럽대전만 못했고, 마지노 선 연장도 계획에 머물렀을 뿐 거의 구축되지 못했다고 한다.

전력이 현저히 열세인 프랑스는 국경에서 수세를 취했어야 한다고 생각한다. 아마도 군 당국에선 그렇게 하기를 바란 것 같은데, 정략 탓에 벨기에로 전진하게 되었고 그 벨기에 파견군이 독일의 전격전으로 철저한 타격을 받았다. 그리고 영국군은 본국으로 도망쳐 버렸다. 영국이 진심으로 싸울 생각이었다면 본국은 해군에 일임하고 육군 전군을 동원해 프랑스에서 작전을 했어야 한다. 영국과 프랑스는 아마도 서로 간의 감정이 매우 나빠졌을 것으로 보인다. 그리하여 독일이 남하하자 프랑스군은 마침내 저항할 힘이 없이, 새로 수상에 취임한 명장 페탱(Pétain)[19] 원수의 주도로 독일에 항복했다.

이와 같이 생각해보면 이번 전쟁은 완전히 호각인 승부가 아니고 물심양면에서 연합군 측의 심각한 열세 탓에 필연적으로 이런 결과가 초래된 것이라 할 수 있다. 애초에 지구전쟁은 대개 호각의 전쟁능력을 가진 사이에서만 일어나는 법이다. 제1차 유럽대전에선 개전 초기의 작전은 독일의 전승(全勝)이란 생각이 들었으나 마른에서 프랑스군의 반격에 패하고 말았다. 또 마지막 1918년 루덴도르프(Ludendorff)[20]의 대공세 때에는 북프랑스 전장 부근에서 프랑스·영국군에 큰 타격을 입혀 한때 완전히 프랑스·영국군을 단절시켜 전쟁의 운명을 결정할 수 있으리라 보였으나 결국 실패로 끝났다. 양군은 거의 호각으로써 지구전쟁에 돌입했고, 독일은 사실상 경제전(經濟戰)에 패하여 마침내 항복하게 되었던 것이다.

핀란드는 소련에 굴복했으나 매우 열세인 병력으로 오랜 시간 동안 소련의 맹공에 버텨내면서 오늘날의 병기들이 방어전에서 얼마나 강한 위력을 가졌는지 보여주었다. 또 벨기에 전선에서도, 아직 상세한 내용은 알려지지 않았으나 브뤼셀 방면에서 적의 정면을 공격한 독일군은 커다란 저항에 직면하여 용이하게 전선을 돌파하지는 못한 모양이다. 지금은 제1차 유럽대전 당시에 비

---

19 앙리 필리프 페탱(Henri Philippe Benoni Omer Joseph Pétain, 1856~1951)년. 프랑스의 군인, 정치가. 프랑스 제 3 공화정 마지막 수상이자 소위 '비시 정권'의 수반으로 알려져 있다. 1915년 베르됭 전투에서 승리하여 1918년 프랑스군 원수가 되었다. 이후 독일과의 전쟁이 임박하자 항복해야겠다고 생각하고 1940년 독일과 휴전 협정을 체결하고 나치 독일에 협력했다. 종전 후 전범으로 체포되었으나, 이미 89세의 고령이어서 종신형을 선고받았다.

20 에리히 프리드리히 빌헬름 루덴도르프(Erich Friedrich Wilhelm Ludendorff, 1865~1937년): 독일의 군인, 정치가. 제 1차 세계대전 초기 타넨베르크 전투에서 파울 폰 힌덴베르크를 보좌하여 독일군의 승리를 이끌었다. 전후에 극우 정치가가 되어 히틀러와 함께 뮌헨반란(1923년)에 참여했다. 대표적인 저서 「총력전론」.

해 공군과 전차가 크게 진보했으나, 충분한 전비(戰備)와 결심을 갖고 싸우는 적에 대한 돌파는 여전히 어려운 일이고 결국 지구전쟁에 빠질 공산이 크다. 살펴본 바로는 아직도 지구전쟁의 시대로 보인다.

02 최종전쟁
最終戰爭

우리는 제1차 유럽대전 이후 전술면에서는 '전투군(戰鬪群)'의 전술, 전쟁면에서는 지구전쟁의 시대에 살고 있다. 제2차 유럽전쟁 곳곳에서 결전전쟁이 벌어지고는 있어도, 시대의 본질은 아직 지구전쟁의 시대라는 것은 앞서 말한대로이다. 하지만 곧 다음 번 결전전쟁의 시대로 이행될 것임은 지금까지 언급한 역사적 관찰을 통해 볼 때 의심의 여지가 없다.

그 결전전쟁이 어떤 전쟁일 것인가. 이를 지금까지의 상황을 토대로 추측해보도록 하자. 우선 병사수를 보자면 오늘날엔 남자란 남자는 전부 전쟁에 참가하는데, 이다음 전쟁에선 남자만이 아니라 여자도, 아니 좀 더 철저히 하자면 남녀노소 전부 전쟁에 참가하게 될 것이다.

전술의 변화를 보자면 밀집대형의 방진(方陣)으로부터 횡대가 되었다가 산병이 되었고 그 다음엔 전투군이 되었다. 이것을 기하학적으로 관찰해보면 방진은 점, 횡대는 선, 산병은 점선, 그리고 전투군 전법은 면(面)의 전술이라 할 수 있다. 점선으로 시작하여 면까지 온 것이다. 따라서 이 다음 전쟁은 공간(3차원)의 전법이 될 것이라고 상상할 수 있다.

그런데 전투의 지휘 단위는 어떤 식으로 변화해왔는가 하면, 반드시 공식대로 변화하지는 않았으나 이론적으론 보면 밀집 대형의 지휘 단위는 대대(大隊)이다. 요즘처럼 확성기가 발달되었더라면 "전진!"이라는 말 한마디로 3천 명의 연대를 일제히 움직일 수 있었을지도 모르지만, 육성만으론 목소리가 아무리 커도 대대가 단위이다. 우리가 젊은 시절엔 빈번하게 대대 밀집 교련(敎練)[21]을 했었다. 하지만 대대 단위라도 횡대 단계에서는, 아무리 목소리가 큰 사람도 구령이 끝까지 닿지 않는다. 그래서 지휘 단위는 중대가 된다. 그 다음 산병 단계엔 중대장의 구령이 닿지 못하므로 소대장이 구령하지 않으면 안 된다. 그리하여 지휘 단위는 소대가 된 것이다. 전투군의 전술에선 명료하게 분대(통상적으로 경기관총 1정과 소총 10여정을 가진 분대)가 단위이다. 대대, 중대, 소대, 분대까지 점차 작아진 지휘 단위는, 그 다음엔 개인이 될 것임이 지극히 당연하지 않겠는가.

단위는 개인이고 양은 전국민이란 말은, 국민이 갖고 있는 전쟁 역량을 전부, 최대한 쓴다는 의미이다. 그 전쟁 방식은 공간의 전법, 즉 공중전 중심이 될 것이다. 우리는 공간 이상, 즉 4차원의 세계는 알지 못한다. 4차원의 세계가 존재한다면 아마도 영계라든지, 유령의 세계일 테니, 평범한 우리들로서는 알 수 없는 세계이다. 간단히 말해서 이 다음 결전전쟁은 전쟁 발달의 극한에 다다른다는 말이다.

전쟁 발달이 극한에 다다르는 다음 결전전쟁에서 전쟁이 없어지는 것이다. 인간의 투쟁심은 사라지지 않는다. 투쟁심이 사라지지 않는데 전쟁이 없어진다는 것은 어떤 이야기일까. 국가의 대립이 사라진다. 즉, 다음 번 결전전쟁을 통해 세계가 하나로 되는 것

21 일본어에서 '교련'의 의미는 우선 '군대에서 행하는 전투 훈련'을 가리킨다. 이 문장에서는 이 의미. 다음으로 '군사교련', 혹은 '학교교련'의 약자로서, 「대사림」 사전 제 3판(산세이도)에 따르면 1925년 이후 현역 장교를 배속시켜서 일본의 중학생 이상 학생들에게 정규 과목으로 가르쳤던 군사 훈련을 뜻한다. 1945년 폐지.

이다.

지금까지 내가 한 설명이 너무 뜬금없다고 생각하는 분이 있을지도 모르지만, 이론적으론 정확하다고 나는 확신한다. 극한의 전쟁 발달은 전쟁을 불가능하게 만든다. 예를 들어 전국시대(戰國時代)의 끝에 일본이 통일된 것은 군사, 주로 병기가 진보된 결과였다. 즉 전국시대 말기에 일본에서 태어난 세계 역사 속에서도 가장 우수한 3명의 위인, 오다 노부나가[22], 도요토미 히데요시[23], 도쿠가와 이에야스[24] 이 3명의 협동 작업의 결과였다. 오다 노부나가가 그 천재적인 번뜩임으로 급격한 혁신을 막는 견고한 껍질을 깼다. 하지만 껍질이 깨진 후에도 계속해서 천재가 마음대로 횡행해서야 곤란하다. 그래서 아케치 미쓰히데(明智光秀)[25]가 오다 노부나가를 죽였다. 오다 노부나가의 죽음은 그의 역할이 끝났기 때문이다. 그 다음 도요토미 히데요시가 대략적으로 일본 통일을 완성시키고, 조선 정벌(*임진왜란)까지 하여 통일된 일본의 힘을 보였다. 그 후에 도쿠가와 이에야스가 나와 참견쟁이 할머니처럼 만사를 제대로 정돈시켰다. 도쿠가와 이에야스가 오다나 도요토미가 생각했던 것처럼 황실중심주의를 실행하지 않은 일은 유감천만이지만, 아무튼 이 3명이 일본을 통일한 것이다. 어째서 통일이 가능했냐하면 다네

---

22 오다 노부나가(織田信長, 1534~1582년): 일본 전국시대를 평정한 무장. 하지만 일본 통일을 눈앞에 두고 부하 아케치 미쓰히데의 반란으로 교토 혼노지(本能寺)에서 사망했다.

23 도요토미 히데요시(豊臣秀吉, 1537~1598년): 하시바 히데요시라고도 한다. 오다 노부나가의 뒤를 이어, 아케치 미쓰히데를 물리치고 일본 통일을 이룩한 무장. 임진왜란, 정유재란을 일으켰다.

24 도쿠가와 이에야스(德川家康, 1543~1616년): 마쓰다이라 모토야스라고도 한다. 도요토미 히데요시를 이어 일본에 도쿠가와 막부를 열었다.

25 아케치 미쓰히데(明智光秀, 1528~1582년): 전국시대의 무장으로 오다 노부나가의 부하였으나 반란을 일으켰다. 그 반란을 '혼노지의 변'이라고 한다.

가시마(種子島)에 조총이 전래되었기 때문이다. 아무리 오다나 도요토미가 엄청나더라도 조총 없이 창과 활만으로는 제대로 통일시킬 수 없었을 것이다. 오다 노부나가는 시대를 전망하고 '존황'이란 대의를 내걸어 일본 통일의 중심점을 밝혔다. 게다가 그는 지금의 사카이(堺) 지역(오사카 남쪽에 위치)에서 조총을 대량으로 구입하여 통일의 기초 작업을 완성시켰다.

요즘 세상에도 만약 피스톨(권총)보다 큰 총기를 전부 없앤다면, 아마도 각 정당은 선거할 때 연단에 서서 말싸움 따윌 하고 있진 않을 것이다. 말로는 결판이 너무 느리니, 분명 완력을 사용하게 되어 있다. 하지만 경찰은 권총을 갖고 있고, 군대에는 기관총도 있다. 아무리 검도나 유도의 대가여도 총 앞에선 소용이 없다. 그래서 너무나도 느릿느릿한 방법이지만 말싸움으로 선거전을 펼치는 것이다. 이런 부분을 보면 병기의 발달이 세상을 평화롭게 만들고 있다고 할 수 있다. 그런데 다음 번 결전전쟁을 통해 인류는 이제 더 이상 전쟁을 할 만한 여력이 없어진다. 그때 비로소 세계 인류가 오랫동안 동경해왔던 진정한 평화에 도달하게 된다.

즉 세계의 한 지역을 근거로 한 무력이 전 세계의 여러 지역에 신속히 위력을 발휘하고 저항하는 세력을 굴복시킬 수 있게 된다면, 세계는 자연스레 통일되는 것이다.

그렇다면 그 결전전쟁이 어떤 형태가 될 것인지 상상해보자. 전쟁에는 남녀노소 전부 참가한다. 남녀노소만이 아니다. 산천초목 전부 전쟁의 와중에 들어가게 된다. 물론 여자나 아이들까지 전부 다 만주국이나 시베리아, 혹은 남태평양에 가서 전쟁을 한다는 얘기는 아니다. 전쟁에는 두 가지가 중요하다.

하나는 적을 치는 일(손해를 입힘). 또 하나는 손해에 대하여 참는 일이다. 즉 적에게 최대의 손해를 입히고, 자신의 손해는 참고 견디는 것이다. 그런 견지에서 보자면 다음 결전전쟁에서 적을 치는 것은 소수의 우수한 군대겠지만, 참아내야만 하는 것은 전국민이란 말이다. 오늘날 유럽대전에서도 공군에 의한 결전전쟁의 자신감이 없으니 무방비 도시는 폭격하지 않는다. 군사시설을 폭격했다고 말할 뿐이다. 진짜 결전전쟁이 일어나게 되면 충군애국(忠君愛國) 정신으로 죽음을 결심한 군대는 그다지 유리한 목표가 아니다. 가장 약한 사람들, 가장 중요한 국가시설이 공격 목표가 된다. 공업도시나 정치의 중심을 철저히 치는 것이다. 그러므로 남녀노소, 산천초목, 돼지나 닭까지 똑같이 공격당하게 된다. 그렇게 공군에 의한 진정한 의미의 철저 섬멸전이 된다. 국민은 그 참상을 견뎌낼 강철과도 같은 의지를 단련하지 않으면 안 된다. 또한 오늘날의 건축이 너무나도 위험하단 점은 주지의 사실이다. 국민의 철저한 자각을 통해 국가는 늦어도 20년을 목표로 주요 도시의 근본적 방공 대책을 단행해야 한다고 강력하게 제안한다. 관헌을 대규모로 정리하고, 도시부에서의 중등학교 이상의 전체 폐지(교육제도의 근본 혁신), 공업의 지방분산 등을 통해 도시 인구의 정리를 강력하게 진행하고, 필요한 부분은 시가지의 대대적인 개축을 강행하지 않으면 안 된다.

오늘날처럼 육·해군이 존재하는 동안에는 최후의 결전전쟁까진 가지 않는다. 툭하면 동원이다, 운송이다 느릿느릿 하고 있어서야 될 일도 안 된다. 군함과 같이 태평양을 10일, 20일이나 걸려서 가는 느려터진 운행 수단으론 대책이 없다. 방법은 공군뿐이다. 그렇다고 지금 수준의 공군으로는 무리다. 설령 비행기가 발달하여 지금 당장 독일이 런던 공습을 펼치고 공중전으로 전쟁이 결판나게 된다손 치더라도, 아마도 독일-러시아 전쟁에서라면 곤란할 것이다. 마찬가지로 러시아와 일본 사이도 어렵다. 하물며 태평양을 건너야 하는 일본과 미국이 비행기로 결전을 펼치는 것은 아직도 머나먼 미래의 일이다. 가장 먼 태평양을 사이에 두고 공군에 의한 결전이 벌어지는 때가 인류 최후의 일대 '결승전'의 순간이다. 그 순간은 착륙 없이 세계를 빙글빙글 돌 수 있는 비행기가 만들어지는 시대이다. 또한, 파괴병기 역시도 이번 유럽대전에서 쓰인 것 같은 물건으론 역시 아무런 문제가 되지 못한다. 훨씬 더 철저하게, 한 발 맞으면 몇 만 명이 싹 쓰러질 만큼, 우리로선 상상도 못할 만한 엄청난 위력의 무기가 등장하지 않으면 안 된다.

비행기가 착륙 없이 전 세계를 빙글빙글 돈다. 게다가 파괴병기는 가장 최신예 무기, 예를 들어 오늘 전쟁이 일어나고 다음날, 아침에 날이 밝으면 적국 수도나 주요도시가 철저히 파괴된다. 그 대신 오사카도, 도쿄도, 베이징도, 상하이도, 폐허가 되고 모든 것이 날아가 버릴 것이다……. 그 정도 파괴력의 무기이리라 생각한다. 그렇게 되면 전쟁은 단기간에 끝난다. 무슨 정신 총동원이니 총력전이니 떠들고 있는 동안엔 최종전쟁이 오지 않는다. 그런 미적지근한 개념은 지구전쟁 시대의 일이고, 결전전쟁에선 통하지 않는다. 다음 번 결전전쟁에선 빗방울이 떨어지는 걸 보고 우산을 집어들만 한 시간도 없이 해치우게 된다. 그런 결전 병기를 창조하고, 그 참상에 끝까지 견뎌낼 수 있는 자가 최후의 승자이다.

03 세계의 통일
世界の統一

서양 역사를 대관(大觀)해 보면, 고대에는 국가들이 대립한 끝에 로마가 통일을 이루었다. 그리고 중세에는 그것을 기독교 성직자들이 이어받았다. 기독교 성직자들이 위력을 잃고 난 다음에는 새로운 국가가 발생했다. 국가주의가 점점 발전하였고 프랑스 혁명 때에는 일시적으로 세계주의가 제창되었다. 괴테나 나폴레옹은 정말로 세계주의를 이상으로 삼았으나, 결국 목적을 달성하지 못하여 유럽은 국가주의의 전성기를 맞이한 상태에서 제1차 유럽전쟁에 돌입했다.

유럽전쟁의 심각한 파괴 체험을 통해 다시금 세계주의, 즉 국제연맹[26]의 실험이 시작되었다. 하지만 그렇게 빨리 이상을 달성해내진 못했기 때문에 국제연맹은 탁상공론이 되어버렸다. 하지만 세계는 유럽전쟁 전의 국가주의 전성기로까지 역전되진 않았고, 국가 연합의 시대가 되었다고 나를 비롯한 몇몇은 말하고 있다. 세계는 대략 4개로 나뉘었다고 할 수 있을 듯하다.

우선 소비에트 연방. 이것은 사회주의 국가의 연합체이다. 마르크스주의에 대한 매력은 사라졌지만, 20년 이상의 경험을 토대로 특히 제2차 유럽전쟁을 통해 독특한 활약을 이루어내고 있는 소련의 실력은 절대로 경시할 수 없다. 두 번째는 미주 지역이다. 미합

26 제 1차 세계대전에서 승리한 연합국이 중심이 되어 1919년에 설립된 국제 단체. 1946년 해산되고 그 이후 현재의 국제연합(UN)이 설립되었다.

중국을 중심으로 남북 아메리카를 일체로 만들려고 하고 있다. 중남미의 민족적 관계도 있고, 미합중국보다도 오히려 유럽 방면과 경제적 관계가 농후한 남미 각국에선 미합중국을 중심으로 한 미주 지역 연합에 반대하는 운동이 상당히 강력하지만, 대세는 착착 미주 연합을 향해 진행되고 있다.

그 다음은 유럽이다. 제1차 유럽전쟁의 결과인 베르사유 체제는 반동적이고 매우 무리가 큰 체제였기 때문에 결국 오늘날 파국을 맞이했다. 이번 전쟁이 터진 후 "우리는 전쟁에 승리한다면 결단코 베르사유 체제로 돌아가지 않을 것이다. 나치는 타도하지 않으면 안 된다. 저런 독재자는 인류의 평화를 위해 타도하고, 우리 방침인 자유주의 신조를 기반으로 새로운 유럽의 연합 체제를 만들자"는 것이 영국 지식계급의 여론이라고 들었다. 독일 측은 어떠했는가. 작년 가을이었다. 터키 주재 독일대사 폰 파펜(Franz von Papen)[27]이 독일로 돌아가던 도중, 이스탄불에서 신문기자한테 독일의 전쟁 목적이 무엇이냐는 질문을 받았다. 나치가 아니었으므로 비교적 신중한 태도를 취했어야 할 파펜이었으나, 그 말에 바로 "독일이 승리한다면 유럽연맹을 만들 것이다."라고 말했다. 나치스의 세계관인 '운명 협동체'를 지도 원리로 삼는 유럽연맹을 만드는 것이, 히틀러의 이상이리라 생각한다. 프랑스 굴복 후 독일의 태도를 보면 분명하다고 여겨진다. 제1차 유럽전쟁이 끝난 후 오스트리아의 쿠덴호프-칼레르기(Richard Nikolaus Eijiro Coudenhove-

27 프란츠 폰 파펜(Franz von Papen, 1879~1969년): 독일의 정치가이자 외교관. 1932년 힌덴부르크 대통령 내각에서 독일 총리를 지냈고, 1933~1934년 히틀러 내각에서 부총리를 지냈다. 하지만 실각하여 오스트리아, 터키 등의 대사를 지냈다.

Kalergi)[28]가 '범 유럽(Pan-Europeanism)주의[29]'란 말을 제창했다. 프랑스의 브리앙(Briand)[30], 독일의 슈트레제만(Gustav Stresemann)[31] 등의 정치가도 범 유럽을 실현시키는 데에 열의를 보였다. 결국 실현하지 못하고 유야무야되었지만, 이번처럼 커다란 파국에 직면하니 유럽 연합체를 만들자는 생각이 다시금 유럽인들 사이에 진지하게 받아들여지고 있는 듯하다.

마지막으로 동아(東亞)다. 현재 일본과 중국은, 동양에선 지금껏 없던 대전쟁을 진행 중이다. 하지만 이 전쟁도 결국은 일본과 중국 양국이 진정으로 제휴하기 위한 고민의 산물이다. 일본은 비록 어렴풋하긴 해도 고노에(近衛) 성명[32] 이후 그런 인식을 갖고 있다. 고노에 성명 이후만이 아니다. 개전 당초부터 성전(聖戰)이 제창된 것도 그런 이유에서이다. 어떤 희생을 하게 되더라도, 우리는 대가로 원하는 무언가를 요구하지 않고 진정으로 일본과 중국의 새로운 제휴 방침을 확립시킬 수만 있다면 그것으로 족하다는 생각이 지

---

28 리하르트 니콜라우스 에이지로 쿠덴호프-칼레르기(Richard Nikolaus Eijiro Coudenhove-Kalergi, 1894~1972년): 도쿄에서 태어난 오스트리아의 정치 활동가. 아버지 하인리히 쿠덴호프-칼레르기 백작이 오스트리아-헝가리 제국의 외교관이었는데, 메이지 시대 도쿄에 대사관으로 부임했을 때 일본인 여성에게 도움을 얻은 일을 계기로 결혼하여 태어났다. 범유럽주의를 제창하여 그 이후 유럽연합 구상의 선구적 존재가 되었다.

29 유럽을 하나로 통합하거나, 통합성을 높이자는 사상. 쿠덴호프-칼레르기가 1923년 저서 「범 유럽(Paneuropa)」에서 주장하면서 시작되었다고 일컬어진다.

30 아리스티드 브리앙(Aristide Briand, 1862~1932년): 프랑스의 정치가. 프랑스에서 수상을 11회, 외무장관을 10회 지냈다고 한다. 1926년 노벨평화상 수상. 쥘 베른의 소설 「15소년 표류기」에 등장하는 소년 대통령 브리앙이 그의 이름을 딴 것으로 알려져 있다.

31 구스타프 슈트레제만(Gustav Stresemann, 1878~1929년): 독일 바이마르 공화정 시기의 정치가. 1923년 수상이 되었다. 외무장관으로 1926년 프랑스 외무장관 브리앙과 공동으로 노벨평화상 수상.

32 중일전쟁 중인 1938년 제 1차 고노에 내각이 3회에 걸쳐 발표한 성명. 고노에 내각은 일본에서 1937~1941년 사이에 3차에 걸쳐 내각총리대신이 되었던 고노에 후미마로近衛文麿의 내각을 말하는데, 그 중 제 1차는 1937~1939년에 재임한 것. 중국에 관련되어 제 1차 성명은 중일간 외교 관계 단절을 초래했고, 제 3차 성명은 1938년에 발표한 성명으로 '고노에 3원칙'이라고도 한다.

금 일본의 신념이 되고 있다. 메이지 유신 이후 민족국가를 완성시키고자 타 민족을 경시하는 경향을 강화시켰던 점은 부정할 수 없다. 대만, 조선, 만주, 중국에서 유감스럽게도 타 민족의 마음을 붙잡지 못한 최대 원인이 여기에 있음을 깊이 반성하는 일이야말로 중일전쟁의 사후 처리 및 쇼와(昭和) 유신[33], 동아연맹(東亞連盟)[34] 결성의 기본 조건이다. 중화민국에서도 삼민주의(三民主義)[35]라는 민족주의는 쑨원(孫文) 시대 그대로가 아니라, 이번 전쟁을 계기로 삼아 새로운 세계의 추세에 맞춰 진전되리라 믿는다. 오늘날 세계적 형세를 보건대 과학 문명에 뒤쳐진 동아시아 여러 민족이 서양인과 맞서려면 정신력, 도의력(道義力)을 가지고 제휴해야만 한다. 총명한 일본민족과 한(漢)족 양쪽 모두, 머지않아 그런 대세를 널리 살펴본 후 진심으로 납득하게 되리라 믿는다.

또 한 가지, '대영제국(大英帝國)'[36]이란 블럭이 현실에는 존재한다. 캐나다, 아프리카, 인도, 오스트레일리아, 남태평양 등 넓은 지역을 지배하고 있다. 하지만 난 이것은 문제가 되지 않는다고 본다. 이미 19세기에 끝난 체제이다. 강대한 실력을 가진 국가가 유럽에만 존재하던 시대에, 영국은 제해권(制海權)을 확보하여 유럽에서 식민지로

---

33 1930년대 일본에서 일어난 국가 혁신 표어이다. 당시 세계 공황으로 인한 경제 악화와 중국에서 벌어진 불안정한 상황 등 때문에, 일본 군부의 급진파가 메이지 유신의 정신을 되살리고 덴노가 직접 정치를 진행해야 한다는 주장. 실제로 일어난 사건은 아니지만, 이 정신과 관련되어 5.15 사건, 2.26 사건 등이 일어났다고 볼 수 있겠다.

34 이시와라 간지가 지도자격으로 활동했던 일본의 우익 단체. 일본, 만주, 중국이 소위 '동아연맹'을 결성하여 공동 국방, 경제 일체화, 문화 교류를 하면서 정치는 독립적으로 하자고 주장했다. 1939년 동아연맹협회라는 관련 조직을 만들었다.

35 중화민국의 쑨원(孫文, 1866~1925)이 제창한 중국 건국의 기본 이념. 민족, 민권, 민생.

36 영국과 영국의 해외 영토, 식민지 등을 포괄하는 총칭. 전성기에는 세계 최대의 제국으로 불렸다. 제2차 세계대전 후 식민지가 독립하면서 지금은 영연방으로서 명목만 남아 있다고 보아야 할 것이다.

가는 길을 독점한 채 유럽의 강국들을 서로 끊임없이 다투도록 시켜 자신들의 안전을 확보하고 세계를 지배할 수 있었다.

그런데 19세기 말에는 이미 대영제국의 권위에 물음표가 붙기 시작했다. 특히 독일이 해군을 대대적으로 건설하기 시작했을 뿐 아니라 3B정책[37]을 표방하며 육로를 통해 베를린~바그다드, 이집트로 진출하려 하면서, 영국이 제해권만 가지고 독일을 굴복시킬 수 있을지 의심스럽게 되었다. 그것이 제1차 유럽대전의 근본 원인이다. 다행스럽게도 영국이 독일을 쓰러뜨렸다. 수백 년 전 세계 정책에 나선 이래로 스페인, 포르투갈, 네덜란드를 차례차례 깨뜨리고 그 다음 나폴레옹을 중심으로 한 프랑스까지 넘어선 후, 1세기 동안 세계의 패자(霸者)가 되었던 영국이 마침내 독일 민족을 상대로 맞이한 '결승전'이었다.

영국은 제1차 유럽전쟁의 승리로 인해 유럽 각국 간의 패권 다툼에서 전승(全勝)이란 명예를 획득했다. 그러나 이 명예를 얻은 순간이 실은 마지막이었다. 잠시 안도감에 젖어 있는 동안 동양의 일각에선 벌써 일본이 상당한 존재가 되었으며, 신대륙에선 미합중국이 잘난 척 하고 있다. 이미 오늘날 대영제국의 영토는 일본이나 미국이 스스로를 억제하고 있는 덕에 유지되고 있을 뿐이다. 영국 자신의 실력으로 유지되는 것이 아니다.

캐나다를 필두로 남북 아메리카에 존재하는 영국 영토는, 미합중국의 힘 때문에 앞으로는 절대 그 상태 그대로 유지될 수 없다. 싱가폴 동쪽, 오스트레일리아나 남태평양 지역의 영국 영토 역시 향후 일본의 위력 앞에 결코 그대로 유지될 수 없다. 인도에서도

37 19세기 말부터 제 1차 세계대전 때까지 독일이 추진했던 제국주의적인 정책. 베를린, 비잔티움, 바그다드의 머리말을 따서 부른 명칭.

소련이나 일본의 힘이 영국의 힘보다 우세하다. 영국의 소위 '무적 해군'의 힘만으로 확보할 수 있는 것은 기껏해야 아프리카의 식민지뿐이다. 대영제국은 이미 벨기에나 네덜란드처럼 '역사적 타성'과 '외교적 거래'를 통해 자신의 영토를 유지하고 있을 뿐인 노회한 늙은 너구리이다. 나와 내 동료들이 20세기 전반은 대영제국의 붕괴사(史)가 될 것이라고 말해왔는데, 경이적으로 부흥한 독일 탓에 이번 유럽대전에서 그 근간에 충격을 받은 대영제국은 드디어 역사 속으로 가라앉고 있다.

국가연합의 시대인 지금, 대영제국처럼 분산된 상태로는 여러모로 힘들기 때문에 어떻게 해서든 지역적으로 서로 인접한 나라가 하나의 연합체가 되는 것이 세계 역사의 운명이라고 본다. 그리고 나는 제1차 유럽대전 이후의 국가연합 시대는 이 다음 번 최종 전쟁을 위한 준결승전 시대라고 관찰하고 있다. 앞서 언급한 네 가지 집단이 제2차 유럽대전 이후에 아마도 일본, 독일, 이탈리아, 즉 동아(東亞) 및 유럽의 연합과 미주 지역 사이의 대립으로 이어질 것이다. 소련은 교묘하게 양자 사이에 서면서도 대체적으론 미주 지역에 기울어가리라 판단되지만, 우리의 상식을 통해 보자면 결국 대표적인 두 세력이 남으리라 생각된다. 그 중 어느 쪽이 준결승을 돌파하고 결승전에 남겠느냐고 묻는다면, 내 상상으론 동아(東亞)와 미주 지역이 남으리라고 본다.

학문적이진 않지만 비전공자로서 인류의 역사를 생각해보면, 아시아 서부 지역에서 일어난 인류 문명이 동서 양쪽으로 갈라져 진출하고, 그 수천 년 후 태평양이란 세계 최대의 바다를 사이에 두고 지금 얼굴을 마주본 것이다. 이 둘이 최후의 결승전을 치를 운명인 것이 아니겠는가. 군사적으로도 가장 결승전을 펼치기 곤란한 쪽은 태평양을 사이에 둔 두 집단이다. 군사적 견지에서 보더라도 아마 이 두 집단이 준결승에서 남게 되지 않을까 나는 생각한다.

그런 관점에서 상상해보자면, 소련은 열심히 공부하여 자유주의에서 통제주의로 비약하는 시대에 솔선하여 많은 희생을 치르고 수백만의 피를 흘렸으며 지금도 국민들에게 놀랄 만큼 큰 희생을 강제하고 있다. 그만큼 스탈린은 전력을 기울이고 있지만 아무래도 소련 체제는 도자기 같은 체제가 아닐까. 단단하긴 해도 떨어뜨리면 깨질 듯하다. 스탈린에게 만약 무슨 일이 생길 경우 내부로부터 붕괴되지 않을까. 매우 우려스럽지 않을 수 없다.

그리고 유럽에서 독일, 영국, 그리고 프랑스 등 다들 상당한 존재이다. 아무튼 훌륭한 민족들이 모여 있다. 하지만 훌륭해봤자 위치가 좋지 않다. 분명히 훌륭하긴 한데 그 훌륭한 나라가 바로 맞닿아 있다. 아무리 운명 협동체를 만들자, 자유주의 연합체를 만들자고 하더라도 생각은 좋지만 유럽이야말로 싸움의 원조격이다. 그 본능 탓에 어떻게 하더라도 결국은 다툼이 발생한다. 그런 완고함 때문에 모두 쓰러지는 것 아닐까 싶다. 히틀러의 통솔 하에 유사 이래 미증유의 대활약을 하고 있는 우방국 독일에 대해 상당한 실례가 되겠으나, 왠지 그런 생각이 든다. 유럽 여러 민족은 특히 반성하는 일이 중요하다고 본다.

그렇게 놓고 보면, 아무래도 흐리멍텅한 우리들 동아(東亞)와 갑자기 졸부가 되어 거들먹거리고 있지만 혈기왕성한 미주 지역, 그 둘이 결승에 남지 않겠는가. 이 둘이 태평양을 사이에 두고 인류 최후의 대

결전, 극단적인 대전쟁을 하게 된다. 그 전쟁은 오래 걸리지 않는다. 지극히 단기간에 팍팍 결판이 난다. 그리하여 덴노(天皇)가 세계의 덴노가 될지, 아니면 미국 대통령이 세계를 통제하게 될지, 인류 역사상 가장 중대한 운명이 결정되리라 생각한다. 즉 동양의 왕도(王道)와 서양의 패도(覇道) 둘 중 하나가 세계 통일의 지도 원리가 될 수 있을지가 결정난다는 이야기다.

유구한 옛날부터 동방 도의(道義)의 도통(道統)을 전승받은 덴노가, 곧 동아연맹의 맹주, 그 다음으로 세계의 덴노로 추앙받는 일은 우리의 굳은 신앙이다. 오늘날 특히 일본인이 주의해주었으면 하는 점은, 일본의 국력이 증진됨에 따라 국민은 더욱 더 겸양의 미덕을 지키고 최대의 희생을 감수하며 동아 각 민족이 마음으로부터 덴노의 위치를 신앙하기에 이르는 길을 방해하지 않도록 유의하지 않으면 안 된다는 점이다. 덴노가 동아 각 민족으로부터 맹주로 맞이될 날이야말로 진정으로 동아연맹이 완성되는 날이다. 하지만 팔굉일우(八紘一宇)[38] 정신을 받든다면, 덴노가 동아연맹 맹주, 혹은 세계의 덴노로 받

38 팔굉일우(八紘一宇): 니치렌주의를 표방했던 인물 다나카 지가쿠(62페이지, 주석 63 참조)가 「일본서기」 진무(神武) 덴노(초대 덴노) 항목에 써있는 '掩八紘而爲宇'라는 문구를 축약·수정하여 만들어낸 관용구. '천하를 하나의 집처럼 만든다'는 의미로서, 일부 니치렌주의자들이 일본 건국의 이념이라고 주장한다. 아사히신문 DIGITAL 2015년 3월 19일자에 따르면 '국가주의적 종교단체 고쿠추카이(国柱会)의 창설자 다나카 지가쿠'가 1913년 기관지 「고쿠추 신문(国柱新聞)」에서 처음 사용했다고 한다. 다나카 지가쿠는 저서 「일본 국체의 연구」(1922년)에서 인종이나 동서양의 국토, 영토, 민족 등의 특색은 그대로 두고 통일해야 한다고 주장했고, 전쟁 비판이나 사형제 폐지 등을 주장한 바도 있으므로 이 용어 그 자체는 순수하게 받아들일 수 있을 수도 있겠다. 하지만 1936년 발생한 2.26 사건(원로 중신들을 암살하여 덴노의 친정 체제를 실현시키고 '쇼와유신'을 단행하자는 목적으로 일어난 쿠데타 미수 사건)에서 덴노를 옹립하기 위한 용어로 사용되었고, 그 이후에도 '국민 정신 총동원' 등을 목적으로 한 슬로건으로 사용되었다. 중일전쟁 이후 표어로서 우표나 지폐 등에도 사용되었고, 결과적으로 제국주의 침략 전쟁의 합리화를 위한 구호로 사용되었다는 측면을 부인하기 어렵다. 실제로 일본의 대표적인 국어사전인 「다이지린」(산세이도)에 '제2차 대전 중 일본의 해외 침략을 정당화하는 슬로건으로 사용되었다'고 해설이 실려 있고 다른 사전도 비슷한 상황이다. 이런 상황이어서 히로히토는 1979년 미야자키 현립 공원의 '평화의 탑'을 방문할 예정이었다가 장소를 급거 변경한 적이 있는데, 당시 시종장에 따르면 1940년 건립된 그 탑에 새겨져 있는 '팔굉일우'라는 글자 때문이라고 일기에 기술했다.
그러나 근래에 일본의 우경화 움직임에 의해 2015년 3월 16일 일본 의회(참의원 예산위원회) 질의에서 여당(자민당) 미하라 준코 의원이 '팔굉일우'에 대해 "일본이 건국 이래 소중히 여겨온 가치관"이라고 표현하여, 일본 국내에서 물의를 빚은 일이 기사화되기도 하였다. 미하라 준코

들어지더라도 일본 자체가 맹주국이 된다는 의미는 아니다.

그럼 최종전쟁은 언제 올까? 점치는 일이나 다름없고 과학적이지도 않지만, 완전한 공상도 아니다. 재삼 언급했듯 서양 역사를 보면 전쟁술에 커다란 변천이 있는 시기가 동시에 일반 문화사에도 중대한 변화가 오는 시기이기도 하다. 그런 견지에서 햇수를 생각해보자면 중세는 약 1천년 정도, 그 다음 르네상스로부터 프랑스 혁명까지는 대략 3백년 내지 4백년. 관점에 따라 여러 설이 있을 수 있겠으나 대략적으로 이렇게 어림된다. 프랑스 혁명으로부터 제1차 유럽전쟁까지는 명확하게 125년이다. 1천년, 3백년, 125년에서 추측컨대 제1차 유럽전쟁 시작부터 다음 최종전쟁 시기까지 어느 정도라고 생각해야 할 것인가. 1천년, 3백년, 125년의 비율로 따져볼 때 다음엔 어느 정도일까. 많은 사람들에게 물어보면 대체적인 결론은 50년 이내일 것이라고 한다. 원래는 너무 짧은 것 같아서 되도록 늘리고 싶은 기분으로 70년이라고 했었는데, 결국 아무리 길게 잡아도 50년 이내라고 판단하지 않을 수 없었다.

그런데 제1차 유럽전쟁이 발발한 1914년으로부터 이미 20여 년이 경과되었다. 오늘부터 20여 년, 대충 30년 이내에 다음 결전전쟁, 즉 최종전쟁 시기에 돌입하리라는 말이 된다. 너무 짧게 느껴지지만, 생각해보라. 비행기가 발명된 지 30여 년. 진정한 비행기처럼 된지는 20년도 되지 않았다. 게다가 비약적으로 진보한 시기는 최근 몇 년일 뿐이다. 문명의 급격한 진보는 미증유의 기세이므로,

---

의원은 이에 관해 자신의 홈페이지(2015.03.17)에서 '세계가 가족처럼 친목을 다지자는 것'이라고 설명했다.

오늘날까지의 상식으로 미래를 재단할 수 없다는 점을 깊이 생각해야 한다.

올해 미국의 여객기가 성층권 가까이에 도달할 예정이라고 한다. 성층권의 정복도 곧 실현되리라 여겨진다. 과학의 진보를 통해 어떤 무시무시한 신병기가 만들어지지 않는다는 보장도 없다. 그런 견지에서 향후 30년간은 최대한 긴장한 채로 거국일치, 아니 동아 수억 명의 사람들이 일치단결하여 최대의 능력을 발휘하지 않으면 안 된다.

이 최종전쟁의 기간은 얼마나 지속될까. 이에 대해선 더더욱 커다란 공상이 필요하겠으나, 예를 들어 동아와 미주 사이에 결전을 한다고 가정한다면 시작된 지 극히 단기간만에 결판이 날 것이다. 다만 준결승을 통해 두 집단이 남은 것이긴 해도 아직 다른 나라들도 많이 있으니, 정말로 여진(余震)이 진정되고 전쟁이 없어져 인류의 전사(前史)가 끝날 때까지, 최종전쟁의 시기는 20년 정도로 짐작한다. 바꿔 말하자면 지금으로부터 30년 이내에 인류 최후의 결승전에 돌입하게 되고, 50년 이내에는 세계가 하나가 된다. 나는 그렇게 주판알을 튕기고 있다.

04 쇼와유신
昭和維新

프랑스 혁명은 지구전쟁에서 결전전쟁으로, 횡대 전술에서 산병 전술로 바뀌는 커다란 변혁을 일으켰다. 일본에선 메이지유신 시대가 그에 해당한다. 제1차 유럽대전을 통해 결전전쟁에서 지구전쟁, 산병 전술에서 전투군(戰鬪群) 전술로 변화하고, 오늘날 프랑스 혁명 이후 최대의 혁신 시대에 접어들어 현재 혁신이 진행 중이다. 이는 즉 쇼와유신이라고 할 수 있다. 제2차 유럽대전에서 새로운 시대가 온 것으로 생각하는 사람도 많지만 나는 제1차 유럽대전을 통해 전개된 자유주의로부터 통제주의로의 혁신, 즉 쇼와유신이 급진전된 것으로 본다.

쇼와유신은 일본만의 문제가 아니다. 진정으로 동아시아 각 민족의 힘을 종합적으로 발휘하여 서양 문명의 대표자와 싸울 결승전 준비를 완료하기 위함이다. 메이지유신의 주안점이 왕정복고, 혹은 폐번치현(廢藩置縣)[39]이었던 사실과 마찬가지로, 쇼와유신의 정치적 주안점은 동아연맹(東亞連盟)의 결성이다. 만주사변[40]을 통

39 1871년 메이지 유신 시기에 구 시대의 지방통치기관인 '번'을 폐지하고 중앙정부가 직접 관할하는 '현'을 설치한 행정 개혁.

40 1931년 9월 18일 만주철도 선로를 폭발시킨 일본의 자작극(류타오후 사건, 관동군 작전참모 이시와라 간지 등이 계획)으로 시작된 중국 침략 전쟁. 1932년까지 만주 지역 대부분을 점령하고 괴뢰정권인 만주국 설립을 준비하였다. 국제연맹이 조사단을 파견하고 일본군의 철수를 요구했으나 일본은 거부하고 국제연맹 탈퇴로 이어졌다. 이 시점부터 1945년 제2차 세계대전 종전까지의 시기를 일본에서는 소위 '15년 전쟁'이라 부르기도 한다.

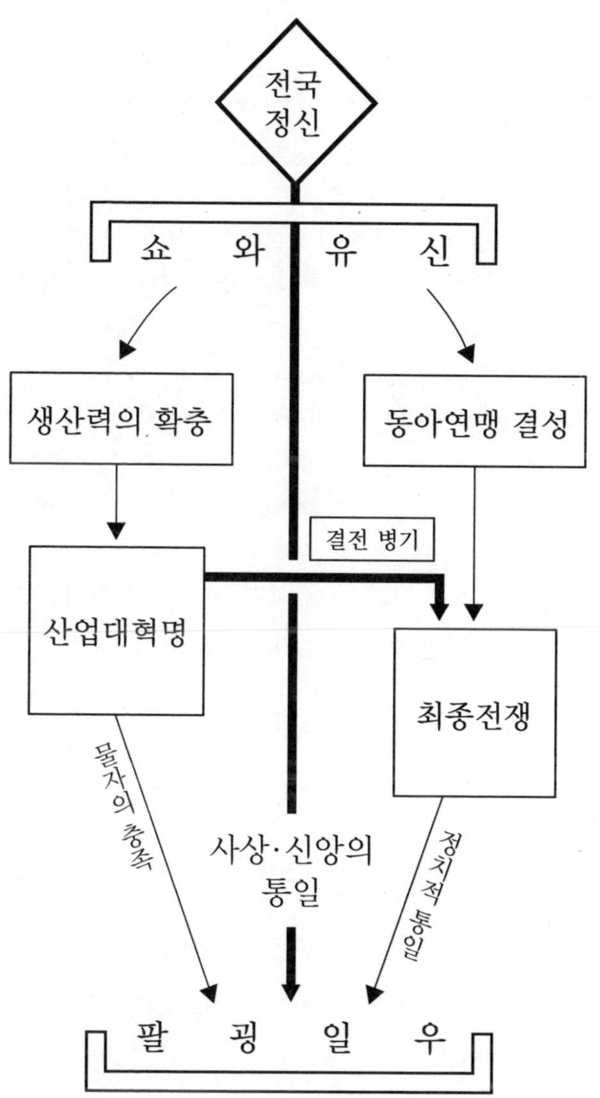
전국
정신
쇼 와 유 신
생산력의 확충
동아연맹 결성
결전 병기
산업대혁명
최종전쟁
물자의 충족
사상·신앙의
통일
정치적 통일
팔 굉 일 우

해 그 원칙이 발견되었고 오늘날에야 비로소 국가의 방침이 되려 하고 있다.

동아연맹의 결성 문제가 중심이 되는 쇼와유신을 이루기 위해서는 두 가지가 중요하다. (51페이지 그림 참조) 우선 동양 민족의 새로운 도덕을 창조해야 한다. 마치 우리가 메이지유신을 통해 번후(藩侯)[41]에 대한 충성을 덴노에 대한 충성으로 되돌렸듯이, 동아연맹을 결성하기 위해서는 민족의 투쟁이나 동아시아 각국의 대립보다 민족의 협력과 화합(協和)을 통해 동아시아 각 국가의 진정한 결합이란 새로운 도덕을 만들어가야 한다. 그때 가장 중심이 되는 문제는 만주국의 건국 정신인 민족협화의 실현이다.[42] 그 정신, 그 마음가짐이 가장 중요하다. 두 번째로, 우리의 상대가 되는 자에게 뒤지지 않을 물질적 힘을 만들어내야 한다. 출발이 늦은 동아시아가 유럽, 혹은 미주(美州)의 생산력을 넘어서야 한다.

이상과 같은 견지에서 보자면 현대의 국책은 동아연맹의 결성과 생산력의 대폭 확충이라는 두 가지가 중요한 문제라는 말이 된다. 과학 문명의 후진인 우리가 위대한 생산력의 대폭적인 확충을 강행시키기 위해서는 보통의 일반적인 방식으로는 불가능하다. 어떻게 해서든 서양인이 미치지 못할 만큼 커다란 산업 능력을 발휘해야 하는 것이다.

최근에 가메이 간이치로(龜井貫一郎)[43]씨가 쓴 「나치스 국방 경제론(ナチス國防經濟論)」이란 책을 읽고 매우 감명을 받았다. 독일은

41 일본의 지방통치기관 '번'의 번주. 다이묘(大名)를 가리킨다.

42 소위 말하는 '오족협화(五族協和)'를 뜻한다. 일본이 만주국을 건국할 때에 내세웠던 이념. 여기에서의 5족이란 일본인, 중국의 한족, 조선인, 만주인, 몽골인을 의미한다.

43 가메이 간이치로(龜井貫一郎, 1892~1987년): 일본의 정치가. 중의원 의원을 역임했다. 1940년 대정익찬회 총무 겸 기획국 동아부장을 맡았다.

원료가 부족하다. 독일이 베르사유체제 때문에 핍박을 받고 '따돌림'을 당했던 일[44]이 독일을 진심으로 분발시키는 계기가 되었다. 독일은 그 후 20년, 특히 최근 10년간에 제2의 산업혁명이 발생했다고 한다.

나로선 그 이론에 대해 잘은 모르겠으나 요약하자면 상온상압(常溫常壓)의 공업으로부터 고온고압(高溫高壓) 공업으로, 그리고 전기화학 공업으로 변천해왔고, 그를 통해 원료의 속박에서 벗어나 많은 물건을 보다 쉽게 생산할 수 있게 되는 놀라운 제2 산업혁명이 지금 진행 중이라는 이야기였다. 그에 대한 확신이 있었기에 독일이 이번 대전쟁에 돌입할 수 있었으리라 생각한다. 우리는 과학문명에서 매우 뒤쳐졌지만 머리는 좋다. 여러분을 보자면 다들 수재와 같은 얼굴이다. 단언하자면, 우리의 모든 지능을 총동원하여, 독일 과학의 진보, 산업의 발달을 뛰어넘는 최신 과학, 최우수 산업력을 신속하게 획득하는 일이야말로 우리 국책의 최우선 조건이어야 한다. 우리는 독일보다 앞서서, 물론 미국보다도 앞서서 산업 대혁명을 강행해야 한다.

이 산업 대혁명은 두 가지 방향으로 작용하리라 생각한다. 하나는 파괴적인 방향이고, 또 하나는 건설적인 방향이다. 파괴적이란 무슨 뜻인가 하면, 우리는 이미 30년 후 세계 최후의 결승전으로 향하고 있으나, 지금 보유한 수준 낮은 비행기는 대안이 될 수 없다. 성층권에서도 자유로이 움직일 수 있는 고성능 항공기를 속히 만들어내어야 하며, 또한 적에게 섬멸적 타격을 일거에 입힐 수 있

44 제 1차 세계대전에서 승전한 연합국 측과 패전한 독일 사이에 1919년 체결된 조약인 베르사유조약으로 성립된 국제 체제. '민족자결주의' 원칙이 논의되었으나, 실제로는 패전국의 식민지에만 적용되었고 승전국들의 식민지는 바로 독립되지 못했다.

는 결전병기도 만들어내야 한다. 그런 산업혁명을 통해, 독일이 이번에 만든 신병기 따윈 비교되지 않을 만큼 놀라운 결전병기를 생산해 내어야 한다. 그런 결전병기를 만들어 낼 수 있을 때에야 비로소, 30년 후에 벌어질 결승전에 대한 필승의 대비 태세를 갖출 수가 있다는 말이다. 독일이 진심으로 전쟁 준비를 시작한지 겨우 수년밖에 되지 않았다. 하지만 여러분에겐 20년이란 시간이 주어져 있다. 충분하지 않은가? 아니 너무 남아돌아 곤란할 정도가 아닌가?

또 한 가지는 건설 분야이다. 향후 일어날 파괴는 그저 그런 수준의 파괴가 아니다. 최후의 대결승전으로 인해 세계 인구가 절반이 될지도 모르지만 정치적으론 하나의 세계가 된다. 이는 크게 본다면 '건설적'이라고 할 수 있다. 동시에 건설 분야에 있어서 산업혁명의 훌륭한 점은, 원료의 속박에서 벗어나 필요 자재를 계속해서 만들어낼 수 있다는 부분이다. 우리에게 있어 가장 소중한 물이나 공기는 전쟁의 원인이 되지 않는다. 넘치도록 있기 때문이다. 물이 원인이 된 싸움은 간혹 있지만, 공기를 원인으로 싸움을 하려고 치고받았단 이야기는 들은 적이 없다. 필요한 것은 무엇이든 놀라운 산업혁명을 통해 계속해서 만들어낸다. 못가진 나라와 가진 나라의 구별이 없어지고 필요한 것은 무엇이든 만들어지게 된다.

하지만 그 거대한 사업을 관통하는 것은 건국의 정신, 일본 국체(國體)의 정신에 의한 신앙의 통일이다. 정치적으로 세계가 하나가 되고 사상·신앙이 통일되면 조화롭고 올바른 정신생활을 하기 위해 필요한 물자를 싸워서까지 다투어야 하는 일이 없어진다. 그때 비로소 진정한 세계 통일, 즉 팔굉일우(八紘一宇)가 실현될 수 있다고 생각한다. 그러면 병도 없어진다. 요즘 의술은 아직 지극히 낮은 능력밖에 없지만, 진정한 과학의 진보는 병을 없애고 불로불사의 꿈을 실현시킬 수 있다.

그래서 동아연맹협회(東亞連盟協會)의 「쇼와유신론(昭和維新論)」에는 쇼와유신의 목표로, 약 30년 내외에 결승전이 벌어진다는 예상하에 20년 안에 동아연맹의 생산능력을 서양문명의 대표자에 필적하도록 만들어야 하므로 그 생산능력 확보를 경제 건설의 목표로 삼고 있다. 그런 견지에서 어느 권위자가 미주의 20년 후 생산 능력을 검토해본 결과에 따르면 엄청난 수량에 도달한다고 한다. 상세한 수치는 기억하지 못하지만 대략 예상으로 강철이나 석유는 연간 수억 톤, 석탄은 수십억 톤을 필요로 하게 되어, 도저히 지금처럼 지하자원을 쓰는 방식의 문명으로는 20년 후엔 완전히 막다른 길에 들어서는 듯하다. 그렇기 때문에도 산업혁명은 곧 불가피하게 되고 「인류의 전사(前史)가 바야흐로 끝나려 한다」는 관찰 결과가 지극히 합리적으로 여겨지게 된다고 본다.

05 불교의 예언

仏教の予言

이번에는 약간 방향을 바꾸어 종교의 견해를 한 가지 제시하고자 한다. 비과학적인 예언에 대한 우리의 동경심이 종교의 커다란 문제이다. 하지만 인간은 과학적 판단, 즉 이성만을 가지고선 만족하고 안심할 수 없는 부분이 있다. 거기에 예언이나 전망에 대한 강한 동경심이 자리한다. 지금의 일본 국민은 이 시국을 어떤 식으로 해결할지 전망을 원하며, 예언을 바라고 있다. 히틀러가 천하를 얻을 수 있었던 이유는 히틀러의 전망 덕분이었다. 제1차 유럽전쟁의 결과 완전히 막다른 길에 몰린 독일에서는 어떤 사람도 그 곤경에서 벗어날 착상을 생각해내지 못했다. 그때 히틀러는 베르사유조약을 타도하고 민족의 부흥을 반드시 이루어내겠다는 신념을 품고 있었다. 중요한 점은 히틀러의 전망이었다. 당초엔 광인 취급을 당했지만, 몇 년 지나지 않아 그 전망이 사실 같다고 국민이 생각하게 되면서 히틀러에 대한 신뢰가 만들어졌고 오늘날의 상태로 진행되었다. 나는 종교의 가장 중요한 부분이 예언이라고 생각한다.

불교, 특히 니치렌성인(日蓮聖人)[45]의 종교가 예언이란 점에서 볼 때

45 니치렌(日蓮, 1222~1282년): 일본 가마쿠라 시대의 불교 승려. 니치렌종(일련종, 日蓮宗)을 연 개조. 사망 후에 1358년 일련대보살, 1922년 입정대사 등의 칭호를 황실로부터 받았다. 「21세기 정치학대사전」(정치학대사전편찬위원회, 한국사전연구사)에 따르면 불교의 타 종파에 대한 비판으로 많은 탄압을 받았다고 한다. 덴노나 권력자 등 지상의 권위적 존재보다 불법, 즉 종교적 권위가 절대적으로 우월하다고 생각했고, 사후의 극락왕생보다 현실 세계 속에 정토(淨土) 건설을 목표로 하였다. 근대에 다나카 지가쿠가 니치렌주의를 주창하여 일본 국가주의의 융성에 일조하였다고 여겨진다. 또한 일본 근대의 창가학회 등과 같은 많은 신흥종교에도 직접적으로 큰 영향을 미쳤다. 일본의 동화작가로 유명한 미야자와 겐지(宮澤賢治)도 니치렌의 가르침을 직접적으로 따르기도 하였는데, 예를 들어 대표작 「은하철도의 밤」에는 “우리는 여기에 천상보다

가장 웅대하고 지극히 정밀하다고 생각된다. 하늘을 보면 많은 별이 있다. 불교에서 말하자면 그 모두가 하나의 세계이다. 그 중에 무엇일지는 몰라도 서방극락정토(西方極楽浄土)라는 좋은 세계가 있다. 그보다 더 좋은 세계도 있을지 모른다. 그 세계에는 반드시 부처님이 한 분 계셔서 그 세계를 지배하고 있다. 그 부처님에겐 지배하는 연대가 있다. 예를 들어 지구는 지금 석가모니 부처의 시대이다. 하지만 석가모니께서 미래영겁까지 세계를 지배하지는 않는다. 다음 후계자를 미리부터 예정하고 있다. 후계자로 미륵보살(弥勒菩薩)이란 분이 나온다고 한다. 그리하여 부처님의 시대를 정법(正法)·상법(像法)·말법(末法)이란 세 시대로 나눈다. 정법이란 것은 부처의 가르침이 가장 순수하게 이루어지는 시대, 상법은 대략적으로 비슷한 가르침을 하는 시대를 말한다. 말법이란 글자 그대로이다. 그렇게 석가모니 부처의 시대는, 여러 가지 다른 주장도 있다고 하지만 많이들 믿기로는 정법 천년, 상법 천년, 말법 만년으로 합계 1만2천년[46]이다. (58페이지 표 참조)

그런데 대집경(大集経)이란 불경을 보면 그 중 최초의 2천5백년에 대한 상세한 예언이 나와 있다. 불멸(仏滅) 후, 즉 석가모니 부처님이 돌아가신 후 첫 5백년은 해탈(解脱)의 시대로서 부처님의 가르침을 지키면 신통력을 얻을 수 있고 영계에 대해 잘 알 수 있게 되는 시대이다. 인간이 순박하고 직감력이 날카로운 좋은 시대이다. 대승(大乗)불

더 좋은 곳을 만들어야 한다."는 대사가 등장하는 점을 일본의 법학자 가타야마 모리히데(片山杜秀)가 지적하기도 했다. (「미완의 파시즘」, 가람기획, 2008년)

46 일본 애니메이션 중에 「톱을 노려라! -건버스터-」(1988년)에서는 주인공들이 '1만2천년 후'의 지구에 돌아오고, 「창성의 아쿠에리온」(2005년)에서는 과거의 전쟁이 벌어진 '1만2천년 후'를 배경으로 하고 있다. 물론 「창성의 아쿠에리온」의 경우엔 작중에 아틀란티스 대륙이 등장하는데, 플라톤이 아틀란티스 대륙을 자신이 사는 시대로부터 1만2천 년 전에 멸망했다는 식으로 이야기한 것이 유래라고 생각되므로 불교와는 무관할 것이다. 하지만 우연찮게도 '1만2천년'이란 수가 자주 등장한다는 점은 유의해보아도 좋을 것 같다.

정법(正法) 시대	1,000년	500년	해탈견고(解脫堅固)	
		500년	선정견고(禪定堅固)	
상법(像法) 시대	1,000년	500년	독송다문견고(讀誦多聞堅固)	불멸 1016년 - 불교가 중국에 들어오다 불멸 1477년 - 천태대사 출생
		500년	다조탑사견고(多造塔寺堅固)	불멸 1501년 - 불교가 일본에 들어오다
말법(末法) 시대	10,000년	500년	투쟁견고(鬪爭堅固)	불멸 2030년 - 연력사(延曆寺)의 승려가 미이데라를 불태우다. 불멸 2171년 - 니치렌 출생
				불멸 2531년 - 오다 노부나가 사망

교 경전은 석가모니 부처님이 쓰지 않았다. 석가모니 부처님이 돌아가신 후 첫 5백년, 즉 해탈의 시대에 여러 사람들이 썼다. 나는 그게 매우 이상하다고 생각했다. 오랜 세월에 걸쳐 많은 사람이 쓴 경전에 커다란 모순도 없이 하나의 체계로 구성되어 있다는 사실은, 영계(靈界)를 통해 상통되어 있기 때문에 가능하지 않았나 생각된다. 대승불교는 부처님의 설법이 아니라고 하여 대승경전을 경시하는 이도 있지만, 대승경전이 부처님 설법이 아니라는 점이 오히려 불교의 영묘함을 나타내준다고 생각한다.

그 다음 5백년은 선정(禪定)의 시대로서, 해탈의 시대만큼 인간이 순수하지 못하기 때문에 좌선을 통해 깨달음을 얻는 시대였다. 이상 1천 년간이 정법이다. 정법 천년에는 불교가 명상의 나라 인도에 보급되어 인도 사람들을 구원하였다.

그 다음 상법의 첫 5백년은 독송다문(讀誦多聞)[47]의 시대이다. 교학(教學)의 시대였다. 경전을 연구하고 불교의 이론을 연구하여 안심하려고 했던 것이다. 명상의 나라 인도로부터 조직의 나라, 이론의 나라인 중국으로 건너온 것이 이 상법의 초기, 교학 시대 초기였다. 인도에서 잡다하게 설파된 1만권의 경전을 중국인이 대륙적 끈기로 몇 번이고 되풀이하여 읽어내어 하나의 체계가 갖춰졌다. 그 체계를 갖추는데 가장 중요한 역할을 한 사람이 천태대사(天台大師)[48]였다. 천태대사는 교학의 시대에 태어난 인물이다. 천태대사가 세운 불교 조직은 현재에도 많은 종파 사이에 큰 이론(異論)이 없다.

그 다음 상법의 후반 5백년은 다조탑사(多造塔寺)의 시대, 즉 절을

47 경전을 많이 읽고 잘 알게 된다는 뜻.

48 대승불교의 일파인 천태종(天台宗)을 설립한 중국 수나라의 승려 지의(智顗)를 뜻한다.

잔뜩 지은 시대이다. 훌륭한 절을 짓고 멋진 불상을 본존으로 삼아 좋은 명향(名香)을 피우고 아름다운 목소리로 경을 읊는다. 그런 불교 예술의 힘을 통해 만족을 얻고자 한 시대였다. 이 시대 때 불교가 실천의 나라 일본으로 들어왔다. 나라(奈良) 시대·헤이안(平安) 시대[49] 초기의 우수한 불교 예술은 이때 태어났다.

그 다음 5백년, 즉 말법 시대 첫 5백년간은 투쟁(鬪諍)[50]의 시대이다. 이 시대가 되면 투쟁이 활발해져서 일반적인 불교의 힘은 없어진다고 석가모니 부처님이 예언했다. 말법 시대에 접어들면 에이잔(叡山)[51]의 스님이 네지리하치마키(ねじり鉢巻)[52]를 매고 산에서 내려와 미이데라(三井寺)[53] 절을 태워버리고, 마침내는 산노(山王)[54]님의 미코시(神輿)[55]를 둘러메고 도읍에 난입하기까지 하게 되었다. 설교를 해야 할 스님이 주먹을 휘두르는 시대가 된 것이다. 예언 그대로이다. 불교에서는 부처가 자신의 시대에 나타나는 온갖 사상을 설파하고 그 가르침이 널리 퍼지는 경과를 예언해야 하는데, 정작 1만년의 석가모니 부처님

---

49 나라 시대는 710~794년, 헤이안 시대는 794~1185년까지를 지칭하는 일본 역사에서 시대구분을 위한 용어이다.

50 불교 용어인 '투쟁견고(鬪諍堅固)'를 뜻한다. 수행승들이 자기 주장만 옳다고 싸우며 양보하지 않는 상태를 뜻한다고, 「디지털 대사천」(쇼가쿠칸)에 실려 있다.

51 일본 시가현과 교토부 사이에 위치한 히에이(比叡)산의 약칭. 일본에서는 고야(高野)산과 더불어 고대에 신앙의 대상이 되었던 산으로 천태종의 본산인 엔랴쿠지(延暦寺)가 위치해 있다. 참고로 교토에는 히에이산 외에도 쿠라마산이 있는데, 한자 표기는 다르지만 '히에이'와 '쿠라마'는 둘 다 일본 만화 「유☆유☆백서」의 등장인물 이름이다.

52 '하치마키'는 일본에서 머리를 동여매는 수건이나 머리띠를 가리킨다. 정신통일이나 기합을 넣기 위해, 운동회 출전이나 시험공부를 할 때 학생이 매는 모습을 자주 볼 수 있다. 그 중에 '네지리하치마키'는 그 중에서도 머리띠를 그냥 띠 상태로 매는 것이 아니라 비틀어 꼰 모양의 머리띠를 뜻한다.

53 정식 명칭 '온조지(園城寺)'라고 하는, 7세기에 창건된 일본 시가현의 절. 「묘법연화경」을 근본 경전으로 하는 천태사문종(天台寺門宗)의 총본산이다. 일반적으로 '미이데라'라고 불리고 있다.

54 일본의 신 오오야마쿠이노카미(大山咋神), 혹은 천태종의 진수(鎮守)신(神)인 산노곤겐(山王權現)을 가리키는 말. 히에이잔의 산악 신앙과 신도, 천태종이 결합하여 만들어진 신이다. 히요시곤겐(日吉權現)이라고도 한다.

55 일본 신도의 제사에서 사용하는 일종의 가마.

시대를 2천5백년으로 얼버무리고 있다. 자신의 가르침은 2천5백년 만에 벌써 끝장이 난다는 식의 무책임한 말로 대집경의 예언은 끝났다.

그런데 천태대사가 불교의 최고 경전이라고 말한 법화경(法華経)에는 부처가 그런 투쟁의 시대에 자신의 사자(使者)인 절도장군(節刀将軍)을 보내며 그 사자가 이러이러한 것을 이행하고 이러이러한 가르침을 퍼뜨리고 그 가르침으로 말법의 기나긴 시대를 지도하게 된다는 예언이 나와 있다. 바꿔 말하면 불멸(仏滅)로부터 세어서 2천년 전후인 말법 시대에는 세상이 엄청나게 복잡해지므로 미리부터 하나하나 전부 가르쳐줘봤자 알 수가 없을 테니 때가 되면 내가 절도장군을 보내겠다, 그러면 그 명령에 복종하라고 말한 다음 석가모니 부처님이 돌아가신 것이다. 말법 시대에 접어든지 2백20년이 지난 때, 부처님의 예언으로 일본, 그것도 조큐(承久)의 난[56]으로 일본이 미증유의 국체(国体)의 대위기에 봉착한 시기에 어머니의 태내에 수태된 니치렌성인은, 조큐의 난에 의문을 품고 불도에 들어가 본인이 법화경에 예언된 본화상행(本化上行)보살이란 자각을 얻게 되었다. 그리고 법화경에 따라 자신의 행동을 규율 있게 행하고 경전에 실려 있는 예언을 전부 자기 몸에 나타내보였다. 그리고 내란과 외환이 있을 것이란 니치렌성인의 예언은 일본의 내란과 몽고의 내습으로 적중되었다. 그리하여 그 예언이 실현됨에 따라 차츰 자신이 불교 안에서 처한 위치를 밝혔고, 예언이 전부 적중된 다음 스스로가 말법 시대에 파견된 석가모니 본존의 사자 본화상행이란 자각을 공표했다. 이후 일본의 큰 국난인 코안(弘安)의 역[57]이 끝난 이듬해 돌아가셨다.

---

56 가마쿠라 시대 조큐 3년(1221년)에 일어난 병란. 고토바덴노(後鳥羽上皇)가 무가 정권인 가마쿠라 막부를 토벌하기 위해 일어났다고 패했다. 이 난에서 막부 측이 승리함으로써 조정보다 막부가 높은 권력을 갖게 되어 황위 계승 등에 영향력을 미치게 되었다.

57 몽골(원나라)과 고려가 1274년, 1281년에 두 번에 걸쳐 일본을 침공했던 사건을 가리킨다. 그

그리고 니치렌성인은 장래에 대한 중대한 예언을 하였다. 일본을 중심으로 세계에 미증유의 대전쟁이 반드시 일어난다. 그때에 본화상행이 다시금 세상에 나와 본문(本門)의 계단(戒壇)[58]을 일본국에 세우고 일본의 국체를 중심으로 세계통일을 실현시킨다는 내용이다. 그런 예언을 한 다음 돌아가신 것이다.

여기에서, 불교 교학에 대해 초보자의 몸으로 지극히 외람되지만 내가 믿는 바를 말하고 싶다. 니치렌성인의 교의는 본문의 제목(題目)[59], 본문의 본존(本尊), 본문의 계단이란 3가지이다. '제목'은 맨처음 나타내 보이셨고, '본존'은 사도(佐渡) 섬[60]에 유폐되었을 때에 나타내 보이셨으며, '계단'에 대해서는 미노부(身延)[61]에서 잠깐 말하셨지만 때가 아직 되지 않았다, 때를 기다려야 한다고 말한 다음 돌아가셨다. 그 말은 무슨 뜻인가 하면, '계단'은 일본이 세계적인 지위를 점한 다음에야 비로소 필요한 문제라는 뜻이다. 과거 아시카가(足利) 시대[62]나 도쿠가와(徳川) 시대에는 아직 때가 무르익지 않았다. 메이지(明治) 시대가 되어 일본의 국체가 세계적 의의를 갖기 시작한 때에, 작년에 돌아가신 다나카 지가쿠(田中智學)[63] 선생이 태어나 니치렌성인의 종교

중에서 특히 두 번째 침공을 '코안(弘安)의 역'이라고 한다.

58 니치렌이 말법에서 사람들을 구하기 위한 가르침으로 제시한 '본문의 본존', '본문의 계단', '본문의 제목(題目)'을 '3대 비법'이라고 한다. '계단'이란 불교 용어 중에서 계율을 받기 위한 장소를 가리킨다.

59 니치렌 계열이나 법화경 계열의 종교단체에서 사용하는 '나무묘법연화경(南無妙法蓮華經, 나무묘호렌게쿄)'의 문구를 뜻한다. 산스크리트어로 '나는 귀의합니다'라는 의미.

60 일본 니가타현에 위치한 섬. 일본의 혼슈 등 국토 주요 4섬과 오키나와 본도를 제외하고 가장 큰 섬이다.

61 야마나시현에 위치한 일본의 지역 명. 니치렌종의 총본산인 구온지(久遠寺)가 있다.

62 무로마치 시대의 다른 명칭. 아시카가 씨가 교토 무로마치에 설치한 무로마치 막부가 운영되었던 시기. 1336~1573년. 남북조시대와 전국시대를 포괄하여 부르는 경우가 많다.

63 다나카 지가쿠(田中智學, 1861~1939년): 제2차 세계대전 이전에 활동한 일본의 종교가. 10세에

조직을 완성시키고 특히 본문계단론(本門戒壇論), 즉 일본국체론(日本国体論)을 확고하게 만들었다. 그리하여 니치렌성인의 가르침, 즉 불교는 메이지 시대에 와서 다나카 지가쿠 선생에 의해 비로소 전면적으로, 조직적으로 천명된 것이다.

그런데 이상한 일은 니치렌성인의 교의가 전면적으로 확실해진 이후 커다란 문제가 생겼다는 점이다. 불교도들 사이에 불멸(仏滅) 연대에 대한 의문이 나온 것이다. 이는 상당히 큰일이다. 니치렌성인은 말법 초기에 태어났어야 하는데 최근의 역사적 연구에 따르면 상법 시대에 태어났다고 한다. 그렇다면 니치렌성인은 예언된 이가 아니라는 말이 된다. 니치렌성인의 종교가 성립되느냐 마느냐 하는 중차대한 문제가 출현했는데도 니치렌성인의 문하에선 역사가 애매하여 알 수가 없다느니 어느 쪽이 진실인지 모르겠다느니 하며 스스로를 위로하고 있다. 그런 신자들은 상관없으리라. 하지만 신자가 아닌 사람들로부터는 신용을 얻을 수 없다. 일천사해 개귀묘법(一天四海皆帰妙法)[64]이 꿈이 되어버린다.

이 중대 문제를 니치렌성인의 신자들은 애매하게 놔둔 채 그냥 지내고 있는 것이다. 관심본존초(観心本尊鈔)[65]에 "마땅히 알지어다, 이 4 보살이 절복(折伏)[66]을 나타낼 때는 현왕(賢王)이 되어 우왕(愚王)을 계

니치렌종에 입문하여 '지가쿠' 이름을 얻었다. 1872년부터 '다나카' 성을 칭했다. 1880년 연화회(蓮華會)를 설립하고, 1884년에 릿쇼안코쿠카이(立正安國會)라고 개칭하고, 1914년에 단체를 통합하여 고쿠추카이(國柱會)를 결성했다. 니치렌(일련)주의를 통하여 일본 '국체(國體)'를 연구했다.

64 하나의 하늘과 사방의 바다, 즉 세계를 의미한다. 세계의 모든 이가 '묘법'으로 돌아간다는 말인데, 여기에서의 '묘법'은 연화경을 가리킨다. 즉 온세상의 모든 이를 연화경에 귀의시킨다는, 모든 종교의 통일을 의미한다고 할 수 있다.

65 니치렌이 집필한 대표적 저작.

66 파절조복(破折調伏)의 약칭. 섭수(攝受)의 대립어. 「종교학대사전」(한국사전연구사, 1998년)에 따르면, 섭수(攝受)가 상대방의 입장이나 생각을 용인해서 싸우지 않고 완만히 설득해서 점차로 정법으로 이끄는 방법인데 반해서, 절복(折伏)은 상대방의 입장이나 생각을 용인하지 않고 그 잘못을 철저하게 파절해서 정법으로 이끄는 엄격한 방법이라고 한다. 「법화경」에서는 섭수를,

책(誡責)하고, 섭수(攝受)[67]를 행할 때는 승(僧)이 되어 정법(正法)을 홍지(弘持)함이라"라고 되어 있다. 이 두 번의 출현은 경전의 문장대로 보자면 둘 다 말법 시대의 최초 5백년간이라고 생각된다. 그리고 '섭수'를 행할 때의 투쟁은 주로 불교내의 분쟁이라고 해석해야 한다. 메이지 시기까지는 불교도 전부가 니치렌성인이 태어난 때를 말법 시대 첫 5백년간이라고 믿었다. 그 시기에 니치렌성인이 아직 상법 시대라고 말해봤자 통용되지 못했을 것이다. 말법 시대에 접어든 것처럼 행동한 일도 당연한 일이다. 불교도가 믿고 있던 연대 계산에 따르자면 말법의 첫 5백년간은 대략 에이잔(叡山)의 스님이 폭동을 일으키기 시작한 때부터 오다 노부나가(織田信長) 시대까지였다. 오다 노부나가가 법화(法華)나 문도(門徒)를 학살했으나, 그 시대는 스님들이 폭력을 휘두른 마지막 시기였으므로 대체적으로 부처님 예언이 적중했다고 할 수 있다.

'절복'을 나타낼 때의 투쟁이란 세계의 전면 전쟁으로 보아야 할 것이다. 이 문제와 관련하여 지금은 불멸 후 몇 년인지를 생각해봐야 한다. 역사학자 사이에선 어려운 논쟁이 있는 듯하지만, 우선은 상식적으로 믿어지고 있는 불멸 후 2천4백30년에 해당한다는 견해를 취하겠다. 그렇게 보면 말법 시대 초기는 서양인이 아메리카를 발견하고 인도에 찾아온 때, 즉 동서 양대 문명의 분쟁이 시작된 때이다. 그 후 동서 양대 문명의 분쟁이 점점 심각해졌고 실로 최후의 세계적 결승전이 되려 하고 있다.

메이지 시대, 즉 니치렌성인의 교의가 전부 다 나타난 때에 와서

「열반경」에서는 절복이 설명되어 있다고 한다.

67 관대한 마음으로 부처가 일체의 중생을 보호하는 행위를 뜻한다.

처음으로 연대에 관한 의문이 나오기 시작한 것은, 부처님의 신통력이 아닌가 싶다. 말법 시대 첫 5백년을 정확히 둘로 나누어 쓰셨으니, 세계의 통일은 진짜 역사상의 불멸 후 2500년에 종료되어야 할 것이라고 나는 믿고 있다. 그렇게 된다면 불교에서 생각하는 세계통일까지는 약 6, 7십년 정도 남아 있다는 말이 된다. 앞서 전쟁에 관해 지금으로부터 50년 후라고 말했는데, 이상하게도 거의 비슷한 시기라는 이야기다. 그만큼이나 예언을 중시했던 니치렌성인이, 세계에 대전쟁이 일어나 세계통일이 일어지고 본문계단(本門戒壇)이 세워진다는 예언을 해놓고서 그날이 정확히 언제라는 것인지 시기에 관해서는 말하지 않았다. 그래서야 무책임하다고 할 수밖에 없다. 하지만 실은 예언할 필요가 없었으며, 분명하게 알고 있었음을 알 수 있다. 부처님의 신통력으로 나타날 때를 기다리고 있었다고 할 수 있다. 그렇지 않았다면 니치렌성인은 정확히 언제 일어난다는 예언을 해두었어야만 한다고 생각한다.

이 견해에 대해 법화 전문가들은 "외부인이 억지로 견강부회한 것"이라 할지도 모른다. 하지만 내가 그런 느낌을 가장 강하게 받은 부분은, 니치렌성인 이후 제1인자인 다나카 지가쿠 선생이 다이쇼(大正) 7년(1918년) 어떤 강연에서 "일천사해 개귀묘법은 48년간에 성취될 수 있다고 주판을 튕기고 있다."(사자왕전집(師子王全集)·교의편(教義篇) 제1집 367페이지)고 말했다는 점이다. 다이쇼 8년(1919년)부터 48년 정도만 있으면 세계가 통일된다는 말을 한 것이다. 어떤 식으로 계산한 것인지는 말하지 않았으나, 천태대사가 니치렌성인의 가르침을 준비하신 것과 같이, 다나카 선생은 때가 오자 니치렌성인의 교의를 전면적으로 발표했다. 즉 니치렌성인의 가르침을 완성할 사람으로 예정되었던 인물이므로, 이 한 마디는 엄청난 힘을 내포하고 있다고 본다.

또 니치렌성인은 인도로부터 도래한 일본의 불법은 인도로 돌아가 오랫동안 말법 시대의 어둠을 비추리라고 예언했다. 닛폰잔묘호지(日本山妙法寺)[68]의 후지이 교쇼(藤井行勝)[69] 대사가 이 예언을 실현시키기 위해 인도에 가서 열심히 노력하고 있던 때에 지나사변(支那事変; 만주사변)이 터졌다. 영국의 활발한 선전 탓에 인도인들이 일본이 고전하며 위기에 처했다는 인상을 받았던 모양이다. 그때 후지이 교쇼 대사와 친분이 있던 인도의 '야라다야(耶羅陀耶)'라는 스님이 "일본이 패배하면 큰일이다. 내가 감득(感得)하고 있는 부처님 사리가 있으니 그걸 일본에 봉납해주기 바란다."고 부탁했다. 후지이 대사는 재작년 귀국하여 그 사리를 육해군에 봉납했다. 후지이 대사의 말에 따르면 실론섬(스리랑카)의 불교도는 불멸 후 2천5백년 만에 불교국의 왕이 세계를 통일시킨다는 예언을 굳게 믿는다고 했다. 실론섬의 계산으로는 그 시기가 얼마 남지 않았다고 한다.

---

68 '닛폰잔묘호지다이산가(日本山妙法寺大僧伽)'는 후지이 닛타쓰가 창설한 니치렌 계열의 종교단체. 1917년 만주에서 처음 건립되었다고 하는데, 1953년에 '닛폰잔묘호지다이산가'로서 재창설되었다.

69 후지이 교쇼(藤井行勝, 1885~1985년): 일본의 승려. 후지이 닛타쓰(藤井日達), 혹은 후지이 니치다쓰라고 한다. 1930년에 인도에 가서 1933년 간디와 만나 비폭력주의의 영향을 받았다.

06 결론

여기까지 이야기한 내용을 종합적으로 생각해보면, 군사적으로 보더라도 정치사(史) 측면에서 보더라도, 또는 과학이나 산업의 진보라는 관점이나 신앙 면에서 보더라도 인류의 이전 시대 역사(前史)는 이제 곧 끝나리라는 점은 확실하다. 그 시기는 수십 년 후로 닥쳐와 있다고 봐야한다. 지금은 인류 역사 속에서 공전절후의 중대한 시기이다.

세상에는 지나사변(만주사변)을 비상시라고 생각하면서 이 사건만 끝나면 평화로운 시대가 오리라 생각하는 이가 상당수 있는 듯하다. 그런 왜소한 변혁이 아니다. 옛날엔 혁명과 혁명 사이에 상당히 긴 비(非) 비상시, 즉 상시(常時)(평상적인 시기)가 있었다. 프랑스 혁명과 제1차 유럽대전 사이에도 일시적으로 세상이 아주 평화로웠다. 제1차 유럽대전 이후의 혁명기엔 아직 안정적이지 못했다. 그러나 그 혁명이 끝나자 연이어서 다음 변혁, 즉 인류 최후의 대결승전이 닥쳐온다. 오늘의 비상시는 다음 번 초 비상시와 맞닿아 있다. 향후 수십 년간은 인류의 역사가 근본적으로 변화하게 될 가장 중대한 시기라고 할 수 있다. 이 사실을 국민들이 인식할 수만 있다면, 그렇게까지 어려운 방법을 사용하지 않더라도 자연스레 정신 총동원이 가능할 거라고 나는 생각한다.

동아(東亞)가 만일 준결승에 남게 된다고 할 때 과연 누구하고 싸우게 될까. 나는 앞서 미주 지역이 아닐까 상상했다. 그런데 먼저 여러분께 양해를 부탁드리고자 한다. 지금은 나라와 나라 사이의 전쟁은 대개 자국의 이익을 위해 싸운다고 생각한다. 오늘날 일본과 미국은 서로 노려보고 있다. 어쩌면 전쟁이 벌어질지도 모른다. 미국이 보기에 일본의 네덜란드령 동인도(蘭印) 독점은 곤란하다고 생각하듯이, 일본 쪽에서 생각하기에 미국이 자기들 맘대로 먼로주의를 운운하면서 동아시아의 안정에 끼어드는 건 괘씸하다는 식으로, 대부분 이해관계에 의해 벌어지는 전쟁이다. 나는 그런 전쟁에 대해 이렇게 이런저런 말을 늘어놓고 있는 것이 아니다. 세계의 결승전이란 그런 이해관계만의 문제가 아니다. 세계 인류에 있어 정말 오랜 기간 공통적인 동경의 대상이었던 세계 통일, 영원한 평화를 달성하기 위해서는 되도록이면 전쟁과 같은 난폭하고 잔인한 짓을 하지 않고 칼에 피 묻히지 않은 채로, 그런 시대가 도래하기를 바라마지 않고 있다. 그 바람이 우리가 밤낮으로 기도하는 내용이다. 그러나 아무래도 유감스럽지만 인간은 너무나도 불완전하다. 이론 논쟁이나 도덕 담론만으론 그런 큰 사업을 해낼 수가 없는 듯하다. 세계에 남겨진 최후의 선수권을 가진 자가 가장 진지하고 가장 진심으로 싸워서, 비로소 그 승부를 통해서 세계 통일의 지도 원리가 확립되리라. 그러므로 수십 년 후에 맞이할 예정이라고 우리들이 생각하는 전쟁은, 전 인류의 영원한 평화를 실현시키기 위해 어쩔 수 없이 치러야만 하는 큰 희생이다.

우리가 만약 유럽이나 미주 지역과 결승전을 하게 되더라도, 결단코 그들을 증오하거나 그들과 이해관계를 다투는 것이 아니다. 무시무시한 잔학 행위가 일어나겠지만 근본적인 정신은 무술대회에서 양쪽 선수가 나와 열심히 싸우는 것과 마찬가지이다. 인류 문

전쟁 진화 경황 일람표(戰爭進化景況一覽表)

<table>
<tr><th colspan="2" rowspan="2">시대</th><th rowspan="2">전쟁의 성질</th><th colspan="2" rowspan="2">군사 제도</th><th colspan="4">전투</th><th rowspan="2">기간(연수)</th><th rowspan="2">정치사의 대세</th></tr>
<tr><th colspan="2">대형</th><th>지휘단위</th><th>지도정신</th></tr>
<tr><td colspan="2">고대</td><td>결전 전쟁</td><td colspan="2">국민개병</td><td>방진</td><td>점</td><td>대대</td><td></td><td></td><td>국가간 대립에서 통일로</td></tr>
<tr><td>중세</td><td></td><td></td><td></td><td></td><td></td><td></td><td></td><td></td><td>1,000년</td><td>종교지배</td></tr>
<tr><td rowspan="2">근대</td><td>화기사용 이후</td><td>지구 전쟁</td><td>용병</td><td></td><td>횡대</td><td rowspan="2">점, 실, 선</td><td>중대</td><td>전제</td><td>300 ~400년</td><td>신국가의 발전</td></tr>
<tr><td>프랑스 혁명 이후</td><td>결전 전쟁</td><td rowspan="3">국민 개병</td><td></td><td>산병</td><td>소대</td><td>자유</td><td>125년</td><td>국가주의 전성기</td></tr>
<tr><td>현대</td><td>유럽대전 이후</td><td>지구 전쟁</td><td>남성 전체</td><td>전투군</td><td>면</td><td>분대</td><td>통제</td><td>50년 내외</td><td>국가연합</td></tr>
<tr><td>미래</td><td>최종전쟁 이후</td><td>결전 전쟁</td><td>국민 전체</td><td></td><td>체</td><td>개인</td><td></td><td>20년 내외</td><td>세계통일</td></tr>
</table>

명의 귀착점은 우리들이 전 능력을 발휘하여 올바르게 정정당당히 다툼으로써 신의 심판을 받는 것이다.

동양인, 특히 일본인으로서는 끊임없이 이 정신을 똑바로 가지고, 적어도 적을 모욕하거나 증오하는 일은 절대로 해서는 안 된다. 적을 충분히 존경하고 경의를 품고서 당당히 싸워야 한다.

어느 사람이 이렇게 말한다. 당신 말은 진짜인 듯하다. 진짜인 듯하니 너무 널리 퍼뜨리지 말라. 그렇게 퍼뜨리면 상대편도 준비를 하게 될 테니 몰래 진행시키라고. 그래서야 동아의 남자, 일본 남자가 아니다. 동방도의(東方道義)가 아니며, 결단코 황도(皇道)가 아니다. 좋다, 준비하려면 해라. 상대편도 충분히 준비를 하고, 이쪽도 준비를 해서 당당하게 싸우지 않으면 안 된다. 나는 그렇게 생각한다.

그러나 그 전에 미리 말해두고 싶은데, 이런 시대적인 커다란 의의를 하루라도 빨리 깨달을 수 있는 총명한 민족, 총명한 국민이 결국 세계의 우승자가 될 수 있는 자질을 갖고 있다는 점이다. 그런 견지에서 나는, 쇼와 유신의 진정한 목적을 달성하기 위해 이 거대한 시대정신을 하루라도 빨리 전 일본 국민과 전 동아 민족이 납득할 수 있도록 만드는 일이 우리들의 가장 중요한 과업이라고 확신하는 바이다.

이시와라 간지

2부 **질의응답**

'최종전쟁론'에 관하여 이시와라 간지와 독자들이 나눈 질의응답
1941년(쇼와 16년) 11월 9일 사카타(酒田: 일본 혼슈 북부에 있는 야마가타현의 도시)에서 탈고

제1문: 세계의 통일이 전쟁을 통해 이루어진다는 말은 인류에 대한 모독이고, 인류는 전쟁 없이 절대평화의 세상을 건설해내지 않으면 안 된다고 생각한다.

답: 생존경쟁과 상호부조는 둘 다 인류의 본능이고, 정의에 대한 동경과 힘에 대한 의존은 우리 마음속에 병존하고 있다. 옛날 스님은 종론(宗論)(*종파 간의 논쟁)에 패배하면 가사(袈裟)를 벗어 상대에게 바치고 귀복개종(歸伏改宗)했다고 하는데, 오늘날 사람들로선 생각하기 어려운 일이다. 순 학술적 문제에서조차도 이론 투쟁만으로 해결되지 않는 모습을 자주 보고 듣지 않는가. 절대적인 지배력이 없는 한, 정치 경제 등에 관한 현실 문제에서 단순한 도의관(道義觀)이나 이론만으로 분쟁을 해결한다는 것은 통상적으론 지극히 어려운 일이다. 세계통일과 같이 인류 최대 문제의 해결은 결국, 인류에게 주어진 온갖 힘을 집중하여 진지하게 투쟁한 다음 신의 심판을 받는 길밖에 없다는 말이다. 실로 슬프기 그지없는 일이긴 하나, 달리 어떻게 할 수가 없다.

"창칼의 힘을 빌리지 않고, 앉은 채로 천하를 평정하겠다."[1]고 생각한 진무(神武) 덴노도 결국 몇 번이나 무력을 쓰고 말았고, "천하 사방이 모두 동포"[2]라고 했던 메이지(明治) 덴노도 마침내 일청(日清), 일러(日露) 대전(*청일전쟁, 러일전쟁)을 결행하고 말았다. 석존(釋尊)이 정법을

---

1 「일본서기」에 나오는 진무(神武) 덴노의 말. 하늘의 신들에게 전승을 기원한 내용이라고 한다. 진무 덴노는 일본의 초대 덴노로 전해지는 전설상의 인물.

2 러일전쟁 당시 메이지 덴노가 직접 만들었다는 시가. 본래의 문장은 'よもの海 みなはらからと思ふ世に　など波風の たちさわぐらむ'라 하여, '천하 사방에 있는 나라들은 전부 형제라고 생각하는 세상에 어찌 거친 파도가 몰아치겠는가'라는 의미. 'よもの海'란 '사방의 바다', 즉 천하를 뜻하는 단어. 'はらから'는 '(같은) 배에서 (나왔다)'는 것으로 동포를 뜻한다. 이후 쇼와 덴노가 태평양전쟁 개전 직전 어전회의에서 읊은 것으로 유명하다.

지키는 것은 단순한 이론 싸움만으로는 불가능하며 몸을 던져 무기를 들고 나서야 한다고 설파한 것 역시, 인류의 본성을 간파한 가르침이라 할 수 있다. 한 명 두 명 세 명 백 명 천 명으로 차례차례 전달하여 마침내 일천사해 개귀묘법(一天四海皆歸妙法)의 이상을 실현해야 한다고 역설한 니치렌성인도, 신앙의 통일은 결국 전대미문의 대대적인 투쟁에 의해서만 실현된다고 예언했다.

칼에 피묻히지 않고 세계를 통일한다는 것은 애초부터 우리가 마음으로부터 열망하는 일이지만(70페이지 참조), 슬프게도 그건 아마 불가능할 것이다. 만약 다행히도 가능하다고 한다면, 그러기 위해서라도 최고 도의(道義)의 호지자(護持者)이신 덴노가 절대 최강의 무력을 장악하지 않으면 안 된다. 문명의 진보와 함께 세상이 평화롭게 되는 것이 아니라 점점 투쟁이 심해지고 있다. 최종전쟁이 가까운 오늘날, 항상 그에 대한 필승의 신념 하에 모든 준비에 정진하지 않으면 안 된다.

최종전쟁을 통해 세계는 통일된다. 하지만 최종전쟁은 어디까지나 통일에 접어들기 위해 거쳐야 할 힘든 과정일 뿐, 팔굉일우(八紘一宇)의 발전과 완성은 무력에 의존하지 말고 올바른 평화적 수단을 써야만 한다.

제2문: 오늘날까지 전쟁이 근절되지 못했듯이, 인류의 투쟁심이 없어지지 않는 한 전쟁도 또한 절대로 없어지지 않는 것 아닐까.

답: 그렇다. 인류의 역사가 시작된 이래 전쟁이 근절된 적은 없다. 하지만 오늘 이후로도 그럴 것이라도 단정하기는 너무 이르다. 메이지 유신이 있기까지 일본 국내에 전쟁이 없어지리라고 누가 생각했겠는가. 문명, 특히 교통의 급속한 발달과 병기의 엄청난 진보에 의해 오늘날 일본 국내에선 전쟁의 발생이 전혀 문제되지 않게 되었다. (37페이지 참조) 문명의 진보로 인해 전쟁능력이 증대했고 그 위력권의 확대에 따라 정치적 통일의 범위도 넓어진 것인데, 세계의 한 지역을 근거로 삼는 무력이 전 세계 모든 곳에 신속하게 그 위력을 발휘하여 저항하는 자들을 신속하게 굴복시킬 수 있게 되면 세계는 자연스레 통일될 수밖에 없다. (37페이지 참조)

그 다음 문제가 되는 것은, 아무리 미증유의 대전쟁이 발생하여 세계가 일단 통일되더라도 곧 그 지배력에 반항하는 힘이 발생하여 전쟁이 일어나고 다시금 국가의 대립이 생기는 것 아닌가 하는 점이겠다. 하지만 그건, 최종전쟁이 일어나면서 이루어질 문명의 비약적 대진보를 감안하지 않고 오늘날의 문명을 기준으로 삼아 판단한 생각에 불과하다. 순식간에 적국의 중심지를 괴멸시킬 만큼의 커다란 위력(39페이지 참조)은 전쟁의 참상을 극단적으로 높여 인류가 전쟁을 회피하는 데에 큰 역할을 하게 된다. 그 뿐만이 아니라 그런 엄청난 위력의 문명은 다른 한편으로 세계의 교통 상태를 일변시킨다. 몇 시간만에 세계일주가 가능해지면 지구의 넓이가 오늘날 일본보다도 좁게 느껴지는 시대가 된다고 생각해야 한다. 인류는 자연스레 마음으로부터 국가의 대립과 전쟁의 어리석음을 깨닫게 되리라. 또한 최종전쟁을 통해 사상, 신앙의 통일이 이룩되고, 문명의 진보는 생활 자재를 충족시킬 테니 전쟁까지 해가면서 물자를 취득하기 위해 다투는 시대는 지나가고 인류는 어느 틈엔가 전쟁을 생각하지 않게 될 것이다. (53~55페이지 참조)

인류의 투쟁심은, 향후 수십 년간은 물론이고 인류가 존재하는 한 아마도 없어지지 않겠지만, 투쟁심은 한편으론 문명 발전의 원동력이기도 하다. 최종전쟁 이후에는 그 투쟁심을 국가 간 무력 투쟁에 쓰려는 본능적 충동은 자연히 해소되고 다른 경쟁, 즉 평화리에 보다 고도의 문명을 건설하기 위한 경쟁으로 전환될 것이다. 실제 우리가 어렸을 적에는 다 큰 어른들이 길거리에서 싸우는 모습을 보는 일이 드물지 않았는데, 오늘날에는 거의 볼 수가 없다. 농민은 품종 개량이나 증산에, 공업인은 보다 나은 제품 제작에, 학자는 새로운 발견이나 발명 등에, 각각 자신의 영역에 맞춰서 지금 이상의 열정을 가지고 노력하면서 투쟁적 본능을 만족시키고 있다.

이상은 물론 이론적 고찰로서 반쯤 공상에 지나지 않는다. 하지만 일본 국체(國體)를 신앙하는 이라면 전쟁의 절멸을 확고한 신념으로 갖지 않으면 안 된다. 팔굉일우(八紘一宇)란 전쟁 절멸의 모습이다. 입으론 팔굉일우를 외치면서 마음속으론 전쟁의 불멸을 믿는 이가 있다면 실로 가련한 모순인 것이다. 일본주의가 발흥하고 일본 국체의 신성함이 강조되는 오늘날, 아직까지도 진심으로 팔굉일우라는 크나큰 이상을 신앙하지 않는 이가 적지 않다는 사실은 실로 통한스러운 일이 아닐 수 없다.

제3문: 최종전쟁이 먼 미래에는 일어날지도 모르지만, 겨우 30년 이내에 일어난다고는 믿기지가 않는다.

답: 가까운 장래에 최종전쟁이 찾아온다는 것은 나의 '확신'이다. (34~37페이지 참조) 최종전쟁이 동아(東亞)와 미주(米州) 사이에서 벌어지리라는 말은 나의 '상상'이다. (46~47페이지 참조) 최종전쟁이 30년 이내에 일어나리라는 이야기는 '예언'에 불과하다. (48~49페이지 참조) 나도 상식을 갖고 보자면 30년 이내에 일어나리라곤 아무래도 생각하기 힘들다.

하지만 최종전쟁은 실로 인류 역사의 최대 관문이고, 그때에 세계에는 초상식적 대변화가 일어난다. 오늘날까지 전쟁은 주로 지상, 수상에서 벌어졌다. 장애물이 많은 지상 전쟁이 급속하게 발달되지 못하리라는 점은 상식으로도 알 수가 있다. 하지만 그 발달이 공중으로 비약된다면 정말 경천동지할 만한 큰 변화를 낳을 것이다. 공중으로 비약한다는 개념은 인류가 수천 년간 가져온 동경이었다. 석존이 법화경에서 본문(本門)의 중심 문제, 즉 초상식의 대법문(大法門)을 설파하고자 했을 때 인도 영취산(靈鷲山)[3]의 설교장을 공중으로 옮긴 일은 실로 경탄할 만한 착상이 아니겠는가. 통달무애(通達無碍)[4]의 공중 비약은 지상에서 아득바득하는 사람들의 상상을 뛰어넘는 개념이다. 지상 전쟁의 상식으론 이 다음 번 전쟁의 엄청난 변화는 쉽게 판단할 수가 없다.

전쟁술 변화의 기간이 천 년→3백 년→125년으로 점차 단축된 예

---

3 인도 북동부 비하르 주에 위치한 산. 석가모니 부처가 「무량수경」이나 「법화경」을 이 산에서 설법했다고 전해진다.

4 '통달'은 말 그대로 통하고 달한다는 뜻. '무애'는 장애물이 없다는 뜻.

를 봐도 이 다음 번 변화가 아마도 50년 이내에 오리라는 추정은, 물론 상당히 조잡하긴 해도 완전히 엉터리라곤 할 수 없다. 상식적으로 보자면 앞으로 30년 이내라고 하면 너무 짧아 보이나, 다음 번 대변화가 우리의 상식을 초월하리라는 점을 경건한 마음으로 생각해보면 나는 '30년 이내'를 부정해선 안 된다고 믿는다. 만약 30년 이내에 최종전쟁이 오지 않고 50년, 70년, 100년 후로 연기된다고 하더라도 국가에 있어서는 조금도 손해가 되지 않지만, 만약 30년 만에 오진 않으리라고 생각하다가 막상 와버리면 큰일이잖은가.

나는 기술·과학의 급속한 진보, 산업혁명의 상태, 불교의 예언 등으로 볼 때 30년 후의 최종전쟁은 반드시 엉뚱한 이야기라 할 수 없다고 상세히 밝혔다. 게다가 제1차 유럽대전까지는 전 세계가 수십 가지 정치적 단위로 쪼개져 있었는데, 그 후 급속히 국가연합의 시대에 돌입하여 오늘날에는 4개의 정치적 단위로 합쳐지려는 경향이 현저하며 관점에 따라서는 세계가 이미 자유주의와 추축(樞軸)국이란 양대 진영으로 대립하려 하고 있다. 준결승 시기가 벌써 끝나려 하는 이 빠른 템포를 어떻게 봐야할까.

또한 통제주의를 인류 문화의 최고 방식처럼 생각하는 사람이 적지 않은 듯한데, 나는 거기에 찬성할 수 없다. 원래 통제주의는 너무나도 갑갑하고 과도한 긴장을 요구하여, 안전핀을 빼는 결과가 되곤 한다. 소련에서 매번 일어나는 숙청 공작은 물론이고, 독일에서 일어난 돌격대장의 총살, 부총통의 탈주 등의 사건도 그런 경향을 보여준다고 봐야한다. 통제주의의 시대는 결코 오래 지속되지 못하리라고 확신한다. 오늘날 세계 대부분의 각국은 그 최고 능률을 발휘하여 전쟁에 대비하기 위해 싫든 좋든, 혹은 안전성을 희생해서라도 통제주의를 선택하지 않으면 안 되는 상황이다. 그렇기에 나는 통제주의를 무술 선수가 결승전 직전에 합숙하는 행위와 비슷하다고 본다.

합숙 생활은 능률을 올리는 데에 최선의 방법이지만, 1년 내내 합숙하면서 긴장하고 있다간 질리지 않을 수가 없다. 통제주의도 결전 직전에 단기간만 행해야 한다.

통제주의는 인류가 본능적으로 최종전쟁이 가깝다는 사실을 무의식중에 직관적으로 느끼고, 그에 대한 합숙 생활을 시작하기 위한 산물이다. 최종전쟁까지 수십 년 정도는 합숙 생활이 지속되리라. 그 점에서도 최종전쟁이 우리 눈앞에 가까이 닥쳐오고 있다고 추정할 수 있다.

제4문: 동양 문명은 왕도(王道)이고 서양 문명은 패도(覇道)라고 하는데, 설명을 부탁한다.

답: 이런 문제에 대해서는 해당하는 학자에게 가르침을 받아야 하며, 나 같은 이가 대답하는 것은 실로 외람된 일이지만, 내가 존경하는 시라야나기 슈코(白柳秀湖)[5], 시미즈 요시타로(淸水芳太郞)[6] 두 분의 의견을 빌려 약간만 답변하고자 한다.

문명의 성격은 기후 풍토의 영향을 받는 부분이 지극히 크고, 동서보다 남북에 더 큰 차이가 생긴다. 우리 북쪽 종족은 동서를 막론하고 대체로 아침 해(朝日)를 예배한다. 하지만 염천하에 괴로워하는 남쪽 종족은, 마찬가지로 태양을 신성시하면서도 저녁 해(夕日)에 엎드려 절을 한다. 회교도가 저녁 해를 예배하듯 불교도는 저녁 해를 동경하며, 서방에 금빛 적광(寂光)[7]이 내리쬐는 아미타불의 정토(浄土)가 있다고 생각한다. 니치렌성인이 아침 해를 숭배하며 입종(立宗)한 것은, 진정한 일본불교의 성립을 의미한다.

열대에서는 의식주에 정신이 피곤한 일이 없고, 특히나 지배 계급은 노예 경제를 통해 추상적이고 형이상적인 명상에 빠질 수 있어 종교의 발달이 이루어졌다. 소위 3대 종교는 전부 아열대에서 만들어지지 않았는가. 반면 남쪽 종족은 안이한 생활에 익숙해져 있어 사회 제도가 완전히 고정되어 있고, 인도와 같은 경우에는 여전히 4천 년 전의 제도를 고집하다가 정치적으로 무력한 상태가 되어 소수 영국인의 지배에 굴복하지 않을 수 없는 상태가 되었다.

---

5 시라야나기 슈코(白柳秀湖, 1884~1950년): 일본의 소설가, 역사가.

6 시미즈 요시타로(淸水芳太郞, 1899~1941년): 일본의 편집자, 언론인. 규슈일보사 주필, 사장을 역임. 1934년 국가주의 사상 단체를 결성했다.

7 불교 용어. 진리의 정적을 의미하는 지혜의 빛.

북쪽 종족은 원래 살기 좋은 열대나 아열대에서 쫓겨난 열등종이었으나, 역경과 한랭한 풍토에 단련되면서 자연스레 과학적 방면에서 발달을 이루었다. 또한 농업에서 비롯된 강한 국가 의식과 수렵 생활이 낳은 집단 평정(評定)을 통해 강대한 정치력이 배양되어, 오늘날 세계에 웅비하는 민족은 전부 북쪽 종족에 속한다. 남쪽 종족은 전제적이어서 의회를 정교하게 운용하지 못한다. 사회 제도, 정치 조직의 개혁은 북쪽 종족의 특징이다. 아시아의 북쪽 종족을 주체로 한 일본 민족의 역사와, 아시아의 남쪽 종족에 속하는 한족(漢族)을 주체로 한 지나(支那)(*중국)의 역사에, 상당히 커다란 차이점이 있는 것도 당연한 이야기다. 다만 한족은 남쪽 종족이라 해도 황하 연안은 물론이고 양쯔강 연안조차도 아열대라곤 하지 않으니, 히말라야 이남의 남쪽 종족과 비교한다면 다분히 북쪽 종족에 가까운 성격을 보이고 있다.

시미즈 요시타로 씨는「일본 진 체제론(日本眞體制論)」에서 다음과 같이 기술하였다.

"……한대(寒帶) 문명이 세계를 지배하긴 했으나, 한대 민족 그 자체도 결코 진정한 행복을 얻을 수 없었다. 힘이 강한 자가 약한 자를 착취한다는 힘의 논리로 만들어진 세계는 인류의 행복을 가져다주지 못했다. 약한 자들만이 아니라 강한 자들도 동시에 불행했다. 사실을 말하자면, 열대 문명 쪽이 종교적, 예술적이고 인간의 목적 생활에 적합하였다. 한대 문명은 결국, 인간의 경제생활에 도움이 되는 것으로서 이는 인간에게 있어 수단 생활이다. 한대 문명이 중심이 되어 만들어진 인간의 생활 상태는, 역시나 주객이 전도된 상태다. ……

이 두 가지는 따로따로 있어도 상관없느냐 하면, 그렇지 않고 하나가

되어야만 한다. 인도인이나 지나인(*중국인)은 실로 심원한 정신문화를 만들어낸 민족이지만, 오늘날 한대 민족이 지닌 기계 문명을 모방하여 성장해내는 데에 성공하지 못하고 있다. 백색 인종은 한편에서 물질문화가 막다른 길에 접어들었음을 주장하면서도, 이를 쇄신시키고자 내놓은 그들의 방안은 여전히 한대 문명의 범주를 벗어나지 못하고 있다.

……

아무튼, 일본 민족은 명백하게 그 특색을 갖고 있다. 열대 문명과 한대 문명이 일본 민족에 의해 융합 통일되어, 다음 단계의 새로운 인간 생활양식이 창조되지 않으면 안 된다. 아무래도 일본 민족을 제쳐두고는 달리 이 양대 문명의 융합을 실현시키고 제3문명[8]을 창조해낼 능력을 가진 이가 바깥에 없는 듯하다. 즉 한대 문명을 수단 삼아 동양의 정신문화를 살려낼 수 있는 사회를 창조해야 한다. 서양의 기계 문명이 동양의 정신문명의 수단이 되었을 때, 비로소 서양 물질문화에 의미가 생기고 동양 정신문화 역시 비로소 진정한 발달을 이루어낼 수 있다."

한대 문명에 철저한 물질문명 편중의 서양 문명은, 바로 패도(覇道) 문명이다. 이에 반해 열대 문명이 왕도(王道) 문명인가 하면 그렇지는 않다. 왕도는 중용(中庸)을 가지고 어느 한쪽으로 기울어져선 안 된다. 길을 지키는 인생의 목적을 견지하고, 그 목적 달성을 위한 수단으로서 물질문명을 충분히 살려내지 않으면 안 된다. 즉 왕도 문명은 시미

---

8 유물론, 유심론을 넘어선 니치렌 불법의 색신불이(色身不二, 색과 신은 둘이 아니다)의 철학을 '제 3의 사상'이라 하여 이를 통한 문명 건설을 목표로 한다는 의미의 단어. 특히 니치렌 계열의 신흥종교인 창가학회에서 자주 사용하는 단어로, 1960년에 창가학회 계열 출판사인 다이산분메이샤(第三文明社)를 만들고 잡지 「제삼문명」을 발간했다. 이 잡지는 창가학회 명예회장 이케다 다이사쿠의 글이 매호 게재된다. 서브컬처 계열에도 관심이 많아 일본의 몇몇 평론가가 연재를 하기도 했고, 또 다른 창가학회 계열 출판사인 우시오(潮) 출판사에서는 「삼국지」(요코야마 미쓰테루)를 비롯하여 「붓다」(데즈카 오사무), 「서유요원전」(모로호시 다이지로), 「무지갯빛 트로츠키」(야스히코 요시카즈), 「그랑 로바 이야기」(시토 교코) 등을 냈다.

즈 요시타로 씨가 말한 제3문명이어야만 한다.

같은 북쪽 종족이라도 아시아의 북쪽 종족과 유럽의 북쪽 종족 사이엔 문명에 커다란 차이점이 존재한다. 일본 민족의 주체(主體)는 물론 북쪽 종족이다. 과학적 능력은 백인종 중의 최우수 인물보다 더 우수하진 못해도 열등하지 않을 뿐더러, 황조황종(皇祖皇宗)[9]을 통해 간명하고 힘 있게 선포된 건국의 이상은 민족 부동(不動)의 신앙으로서 우리들 핏속에 흐르고 있다. 게다가 적절하게 원만한 만큼 남쪽 종족의 피를 섞어 열대 문명의 아름다움도 충분히 섭취하여, 그 문명을 장엄하게 만들기도 하였다. 고대 지나(支那)의 문명은 오늘날 연구에선 남쪽 종족에 속하는 한(漢)족이 만든 것이 아니라 북쪽 종족이 만들었다는 듯하다. 그 왕도 사상은 실로 일본 국체(國體)의 설명이라고 볼 수 있다. 이 왕도 사상이 한(漢)족에 의해 제창되지는 않았다고 하나, 한족은 이 사상을 잘 받아들여 오늘날까지 견지해왔다. 오늘날 한족은 많은 북쪽 종족의 피를 섞어 남북 양 문명을 협조시키기에 적합한 소질을 가지게 되었다. 따라서 잘 지도만 받는다면 충분히 과학 문명을 활용해낼 수 있는 능력이 잠재되어 있다고 믿어진다.

서양의 북쪽 종족은 고대에 과연, 동양의 여러 민족만큼 큰 이상을 명확히 갖고 있었을까. 만약 있다손 치더라도 물질문명의 힘에 압도되어 자신들의 신념으로서 오늘날까지 전달될 만큼의 여력은 없었다. 히틀러는 고대 게르만 민족의 사상 신앙을 부활시키는 데에 열의를 갖고 있다고 들었는데, 히틀러의 역량으로도 민족의 핏속에 진정한 생명을 재생시키는 일은 지극히 어려울 것이다. 유럽의 북쪽 종족은 프랑스를 제외하면, 영국과 같은 지리적 위치에서조차 남쪽 종족

9 시조로부터 역대의 덴노를 전부 가리킬 때에 사용하는 말.

과의 혼혈이 비교적 적은 편이다. 독일이나 기타 북유럽 민족들은 거의가 북쪽 종족들 간의 혼혈이어서, 현실주의에 편중되는 경향이 현저하다. 특히 유럽에선 강력한 국가가 협소한 지역에 밀집하여 오랜 기간 심각한 투쟁을 반복하여, 과학 문명의 급속한 진보에 큰 기여는 하였으나 그 패도(覇道)적 폐해 역시 점점 증대하여 오늘날 사회 불안의 원인이 되었다. 시미즈 요시타로 씨의 주장과 같이 이 역시도 근본적으로 쇄신시키기는 불가능하다.

서양 문명은 이미 패도로 일관하다 스스로 막다른 길에 몰리고 있다. 왕도 문명은 동아(東亞) 각 민족의 자각 부흥과 서양 과학 문명의 섭취 활용을 통해, 일본 국체를 중심으로 발흥하는 중이다. 인류가 마음 속 깊이 현인신(現人神; 아라히토가미あらひとがみ)[10]의 신앙을 대오각성하게 되면, 왕도 문명은 비로소 그 진가를 발휘한다.

최종전쟁 즉 왕도·패도의 결승전은 결국 덴노를 신앙하는 자와 그렇지 않은 자 사이의 결승전이며, 구체적으로는 덴노가 세계의 덴노가 될지 아니면 서양의 대통령이 세계의 지도자가 될지를 결정하는 인류 역사 속에서 공전절후의 대 사건이다.

---

10 '이 세상에 인간의 모습을 하고 나타난 신'이라는 차원에서 덴노를 받드는 것. 제2차 세계대전 당시 일본에서는 덴노에 대해 실제로 이렇게 생각했다고 하는데, 패전 후 1946년 1월 1일 쇼와 덴노는 현인신 관점을 부정하는 내용을 관보에 발표했다. 이를 일본의 매스컴에서 '인간 선언'이라 불렀다.

제5문: 최종전쟁이 수십 년 후에 일어난다고 하면, 그 원인은 경제 분쟁이지 관념적인 왕도·패도 결승전이리라곤 생각되지 않는다.

답: 전쟁의 원인은, 그 시대 인류가 가장 깊게 관심을 두고 있는 것이 되는 법이다. 옛날에는 단순한 인종이나 종교가 원인이 되어 전쟁 등이 벌어졌고, 봉건 시대에는 토지 쟁탈이 전쟁의 최대 동기였다. 토지 쟁탈은 경제 문제가 가장 큰 역할을 한다. 근대에 진보된 경제에선, 사회의 관심을 경제상의 이해(利害)에 집중시킨 결과 경제 외에 다른 전쟁의 원인을 생각할 수 없는 상태가 되었다.

자유주의 시대는 경제가 정치를 지배하기에 이르렀으나, 통제주의 시대에는 정치가 경제를 지배해야 한다. 세상은 지금 커다란 변화를 낳으려 하고 있다. 그러나 겨우 30년 후엔 여전히 사회의 최대 관심사는 경제일 것이고, 주의 주장이 전쟁의 최대 원인이 되리라곤 생각할 수 없다. 그렇지만 최종전쟁이 가능해질 만큼 문명이 비약적으로 진보하면, 다른 한편으론 생활 자재가 충족되어 점차 오늘날과 같은 경제 지상의 시대가 해소되리라 예상된다. 경제는 어디까지나 인생의 목적이 아니라 수단에 불과하다. 인류가 경제의 속박에서 벗어남에 따라 그 최대 관심사는 다시금 정신 방면으로 향할 것이고, 전쟁도 이해 분쟁이 아니라 주의 주장의 분쟁으로 변화할 것임은 문명 진화의 필연적 방향이라고 믿는 바이다. 즉 최종전쟁 시대에는 전쟁의 최대 원인이 이미 주의 주장이 되는 시대에 접어들기 시작해야만 한다.

문명의 실질 내용이 크게 변화하더라도 인류의 사고방식은 그 변화를 쉬이 뒤쫓지 못하기 때문에, 수십 년 후 최종전쟁 때에 최초의 동기는 여전히 경제 문제일 가능성이 높다. 그러나 전쟁이 진행되는 와중에 반드시 급속하게 전쟁 목적이 크게 변화하여 주의 주장의 분쟁이 될 것이고, 결국에는 왕도·패도 양대 문명의 자웅을 결정하게 될 것으로 믿는 바이다. 니치렌성인이 전대미문의 큰 투쟁에 대해 당초엔 이익을 위해 싸우다가도 분쟁이 심각해짐에 따라 마침내 믿을 것은 정법(正法) 뿐이라는 사실을 돈오(頓悟)하고, 급속히 신앙을 통일해야 한다고 설파한 일은 최종전쟁의 본질을 잘 보여준다.

제 1차 유럽대전 이래 큰 국난을 돌파해낸 나라는 차례차례 자유주의에서 통제주의로 사회적 혁명을 실행했다. 일본도 만주사변을 계기로 하여 그런 혁신, 즉 쇼와 유신에 접어들었는데, 많은 지식인들은 여전히 내심 자유주의를 동경하고 또 입으론 자유주의를 비난하는 사람들도 많이들 자유주의적으로 행동하곤 했다. 그런데도 지나 사변이 진전되는 와중에, 고도(高度) 국방 국가 건설이 갑자기 국민의 상식이 되어 버렸다. 냉정히 돌이켜보면 평화 시엔 전혀 생각이 미치지 못하던 경이적 변화가, 아무 놀라움도 없이 이루어져 버렸다. 최종전쟁의 시대를 대강 20년 내외라고 공상했지만(49페이지 참조), 이 기간에 인류의 사상과 생활에 일어날 변화는 전혀 상상이 가지 않는다. 경제 중심의 전쟁이 철저한 주의 주장의 분쟁으로 변화하리라는 판단은, 결코 엉뚱하다고는 할 수가 없다.

제6문: 수십 년 후에 일어날 최종전쟁으로 인해 세계의 정치적 통일이 일거에 완성되리라고는 생각할 수 없다.

답: 최종전쟁은 인류 역사의 최대 관절이고 그를 통해 세계 통일, 즉 팔굉일우 실현의 제1보에 접어드는 것이다. 하지만 진실로 제1보일 뿐 팔굉일우의 완성은 그로부터 인류가 기나긴 정진을 해야 한다. 이 점에서 질문자의 의견과 내 의견은 대체적으로 일치한다고 생각하지만, 그에 관한 예상을 기술해 보기로 한다.

여러 민족이 길게는 수천 년의 역사로서 자신들의 문화를 높여왔고, 인류는 최근 급속히 공통의 동경이었던 대 통일로 향한 걸음을 걷고 있다. 메이지 유신은 일본의 유신이었지만 쇼와 유신은 정확히 동아(東亞)의 유신이고, 쇼와 13년(1938년) 12월 26일 제74회 제국의회 개원식의 칙어는 "동아의 신질서를 건설하여"였다. 또한 우리는 수십 년 후로 닥쳐와 있는 최종전쟁이, 세계의 유신, 즉 팔굉일우로 향한 관문 돌파라고 믿는다.

메이지 유신은 메이지 초년(1868년)에 일어났고, 메이지 10년(1877년)의 전쟁을 통해 거의 완성되었으며, 그 후 수십 년의 역사로서 진실로 통일된 근대 민족국가로서의 일본이 완성되었다. 쇼와 유신의 요점인 동아(東亞)의 신질서, 동아의 대동(大同)은 만주사변으로 시작하여 지나 사변으로 급진전되고 있으나 그 완성에는 일본 민족은 물론이고 동아의 각 민족의 올바르고 깊은 인식과 절대적인 노력을 필요로 한다.

오늘 우리는 우선 동아 연맹(東亞連盟)의 결성을 주장하고 있다. 동아 연맹은 만주 건국으로 개시된 것인데, 당시 만주에 거주하던 일본인 중엔 일거에 덴노 아래에서 동아 연방의 성립을 희망하는 이도 많았지만, 한(漢)민족은 아직 시기가 성숙하지 않아 일본·만주·중국(日滿華)의 협의와 협동을 통한 동아 연맹으로 만족해야 한다고 주장하여 결국 동아 신질서의 제1단계로 채용되기에 이르렀다.

동아의 신질서는, 최종전쟁에서 필승을 기하기 위하여 되도록 강력한 통일이 이루어지길 희망한다. 동아 각 민족의 의심암귀(疑心暗鬼)가 제거되기만 하면 하루라도 빨리 적어도 동아 연방까지는 진행을 해서, 동아의 종합적 위력을 증진시키지 않으면 안 된다. 거기에서 더욱 더 민족 간의 신뢰가 철저해진 후엔 동아의 최대 능력을 발휘하기 위해 각 국가는 스스로 나서서 국경을 철폐하고 완전한 합동을 열망하여 동아 대동 국가의 성립, 즉 대일본의 동아 확대가 실현될 것임은 의심할 여지가 없다. 특히 일본인이 "천하 사방이 모두 동포", "동서가 서로 사이좋게 번영해 가자"란 덴노의 마음 그대로 각 민족을 대한다면 동아 연방 같은 것을 경유할 필요도 없이 단숨에 동아 대동 국가 성립으로 비약할 수도 있지 않겠는가.

우리는 덴노를 신앙하고 마음으로부터 황운(皇運)을 부익(扶翼)하여(*보필하여) 받드는 이가 모두 우리 동포이며 완전히 평등하게 덴노를 섬기고 받들리라 믿는다. 동아 연맹의 초기, 각 국가가 아직 덴노를 맹주로 우러러 받들지 못할 동안에는 일본만이 홀로 덴노를 모시고 있으니, 일본국은 연맹의 중추적 존재, 곧 지도 국가가 되어야 한다. 하지만 이는 각 국가와 평등하게 제휴하여 우리의 덕과 힘으로 각 국가들로부터 자연스럽게 추대 받아야 하며, 분쟁 도중에 우리가 강권적으로 주장함은 황도의 정신에 부합하지 않는다는 점을 강조하겠다. 일본의 실력은 동아 모든 민족이 인정하는 바이다. 일본이 진심으로 덴노의 마음을 받들고, 겸양하면서 동아를 위해 앞장서서 최대의 희생을 치른다면 동아 각 국가로부터 지도자로 추앙받을 날이 의외로 급속하게 오리라는 점을 의심하지 않는다. 러일전쟁 당시에 이미 아시아 나라들은 일본을 '아시아의 맹주'라 부르지 않았는가.

동아 연맹은 동아 신질서의 초보 단계이다. 게다가 지도 국가를 자칭하지 않고 우선 완전히 평등한 입장으로 연맹을 결성하자는 우리의 주장은, 세상 사람들로부터 자칫하면 연약하다고 비난받을 것이다. 그렇다. 분명 소위 강경하진 않다. 하지만 팔굉일우의 큰 이상이 반드시 성사되리라고 믿는 우리는 절대적인 안심(安心)[11]을 확립시키고, 현실은 자연이 순서에 맞게 발전해 나간다는 사실을 잊지 않으며 가장 착실하게 실행을 기하는 바이다. 저자세로 나가면 상대방이 기어오른다고 떠드는 이들은 팔굉일우를 입에 올릴 자격이 없다.

최종전쟁이라 하면 아무래도 엉뚱하고 황당무계한 방담(放談)처럼 생각하거나, 혹은 최종전쟁론에 동감을 표하는 이 중에도 자칫 이 전쟁을 통해 인류가 즉각적으로 황금 세계를 만든다는 식으로 이해하는 사람들도 많은 듯하다. 둘 다 정곡을 빗겨나 있다. 최종전쟁은 가까운 시일 안에 반드시 일어나며, 인류 역사의 최대 관절이지만 직접 체험하는 사람들은 의외로 그다지 격변이라고 생각하지 않고 이 공전절후의 엄청난 변동기를 지내는 일상이 과거의 혁명 시기와 큰 차가 없을지도 모른다.

최종전쟁을 통해 세계는 통일된다. 물론 초기에는 많은 여진(余震)을 피하지 못하겠지만 문명의 진보는 의외로 빨리 안정을 되찾아, 무력을 가지고 국가 간에 이루어지던 투쟁심이 인류의 새로운 종합적 문명 건설의 원동력으로 전환되어 팔굉일우의 완성에 매진하게 된다. 일본에서 태어난 천재 중 한 명인 시미즈 요시타로 씨는 「일본 진

---

11 불교 정토종에 있어서 아미타불의 구제를 믿고 극락왕생을 하고자 하는 마음을 가리키는 용어이다. (「브리태니커 국제대백과사전」, 브리태니커 재팬)

체제론(日本眞體制論)」에 그 문명 발전에 대해 갖가지 재미있는 공상을 실었다.

식물의 잎 한 장이 가진 작용의 비밀을 알아내기만 하면 시험관 안에서 우리의 식료품이 계속 만들어지게 되고, 일정한 토지 안에서 지금보다 아마도 1,500배 정도의 식량을 제조할 수 있게 된다. 또 돼지나 닭을 키우는 대신 번식이 가장 간단한 박테리아를 양식하는데, 소고기 맛이 나는 박테리아나 닭고기 맛이 나는 박테리아 등을 발견하여 지극히 간단하게 단백질 식품을 섭취하는 날이 온다고 생각된다. 이는 결코 꿈같은 이야기가 아니다. 이미 제1차 유럽대전에서 독일이 박테리아를 먹었었다.

그 다음 동력은 귀중한 석탄을 쓰지 않더라도 지하에 방열(放熱) 물체(라듐이나 우라늄)가 있어 지각이 뜨거워지고 있으니 그 방열 물체를 지하에서 파낸다면 무한한 동력을 얻을 수 있게 된다. 또한 성층권 위에는 엄청나게 많은 공중 전기가 있으니, 이 전기를 지상으로 끌어올 수 있는 방법이 발견되기만 하면 무한한 전기를 얻을 수 있게 된다. 또 성층권 상부에는 지상에서 발산하는 수소가 충만하다. 그 수소에 염소를 더하면 훌륭한 동력 자원이 된다. 따라서 비행기로 거기까지 상승하여 그 수소를 빨아들여 이를 동력으로 삼으면 어디까지든 날아갈 수 있다. 그리고 착륙할 때에 그 수소를 빨아들여 와서 다음 번 이륙 시에 다시 사용한다. 그런 식이면 세계를 빙글빙글 날아다니기도 지극히 용이하다.

그 시대가 되면 불로불사의 묘법도 발견되리라. 어째서 인간이 죽는가 하면 노폐물이 쌓여 중독되기 때문이다. 따라서 그 노폐물을 척척 배제하는 방법이 만들어지면 생명은 거의 무한히 이어진다고 생각한다. 실제로 박테리아를 마른 풀로 쑨 국물에 집어넣으면 엄청나게 활발해지며 맹렬하게 번식한다. 시간이 지나면 자기들이 배출한 노폐물에 중독되어 점차 번식력이 떨어지는데, 다시 새로운 마른 풀로 쑨 국물에 넣어주면 다시금 활기를 띤다. 그런 식으로 계속 국물을 갈아주면 언제까지고 살아 있다. 즉 불로불사다.

그렇다면 인간이 불로불사가 되어 인구가 무척 많아져 전 세계가 꽉 차서 곤란한 일이 벌어지지 않겠냐고 걱정하는 사람이 있을지도 모른다. 하지만 그런 걱정은 필요 없다. 자연의 묘는 정말 불가사의해서, 생어(Margaret Sanger)[12] 부인을 끌어들일 필요도 없다. 인간은 딱 맞는 정도로 한 사람이 1,000년에 한 명 정도만 아이를 낳게 된다. 이는 접목이나 꺾꽂이를 자주 한 귤에는 씨가 없어지는 것과 마찬가지다. 빨리 죽기 때문에 빈번하게 아이를 낳는 것이고, 불로불사가 되면 인간은 담담하게 신과 가까운 생활을 하기에 이를 것이다.

또 시간이란 것은 결국 온도이다. 사람을 죽이지 않고 온도를 바꾼다. 물건을 부수지 않고 온도를 올릴 수 있게 되면, 10년을 1년으로 줄이는 일은 간단한 일이다. 반대로 온도를 낮춰 영하 273도라는 절대온도가 되면 만물이 전부 다 활동을 멈춘다. 그렇게 되면 우라시마 타로(浦島太郎)[13]도 꿈이 아니며, 실로 자유자재의 세계가 된다.

더 나아가 돌연변이를 인공적으로 일으킴으로써 대단한 비약이 일어난다는 것도 생각해볼 수 있다. 즉 인류는 최종전쟁 후 점차 놀랄만한 종합적 문명에 접어들고, 그리고 마침내 스스로 만들어낸 돌연변이로 인해 지금 인류 이상의 존재가 이 세상에 태어나게 된다. 불교에

---

12 마거릿 생어(Margaret Sanger, 1879~1966년): 미국의 여성 활동가. 산아 제한 운동을 제창했다. 아이를 어떤 방식으로 언제 낳을 지 여성들 자신이 결정해야 한다는 권리를 주장했으나 당시 시대에는 큰 반대를 받았다. 하지만 결국 지지를 얻게 되어 현대와 같이 산아 제한이 폭넓게 이루어질 수 있게 하는 계기가 되었다.

13 용궁에 갔다 왔더니 지상에서 시간이 많이 흘렀다는 일본의 설화 속 주인공. 본문 중에서는 우라시마 타로가 세월이 많이 흘러도 늙지 않고 돌아왔으니, 불로장생의 의미로 사용한 것 같다.

선 그걸 미륵보살(彌勒菩薩)의 시대라고 말한다.

시미즈 요시타로 씨의 공상과도 같은 시대가 되면, 인류가 투쟁 본능을 전쟁에서 찾게 되는 일은 도저히 상상할 수가 없어진다. 다시 말해 질문자의 말대로 세계의 정치적 통일은 결코 일거에 이루어지지 않으며, 인류의 문명은 전부 부단한 발전을 통해야 한다. 하지만 문명의 발전에는 간혹 급단적인 지점이 있다. 우리는 최종전쟁이 인류 역사상 최대 급단이라는 점을 확인하고, 지금부터 그 급단을 돌파하기 위한 모든 준비를 서두르지 않으면 안 된다.

제7문: 전쟁의 발달에 대해 동양, 특히 일본의 전사(戰史)를 참고하지 않고 오직 서양의 전사만 참고하는 것은 공정하지 않다고 본다.

답: 「전쟁사 대관(戰爭史大觀)의 유래기(이시와라 간지, 1941)」에서 고백한대로 나의 군사학적 지식은 지극히 좁다. 전문적으로 약간 연구한 부분은 프랑스 혁명을 중심으로 한 서양 전사의 일부분에 불과하다. 그 지식이 최종전쟁론을 쓸 때에 서양 전사를 참고한 첫 번째 원인이다. 뜻있는 분들이 동서고금의 전쟁사를 참고하여 더욱 넓게 종합적으로 연구해주기를 절실히 바란다. 반드시 나와 동일한 결론에 도달하리라고 믿는 바이다.

과거 수백 년간은 백인의 세계 정복사(史)였고 오늘날 전 세계가 백인 문명 아래에 엎드려 있다. 그 최대 원인은 백인이 획득한 우수한 전쟁능력에 있다. 하지만 전쟁은 결단코 인생이나 국가의 목적이 아니라 수단에 지나지 않는다. 올바른 근본적 전쟁관은 서양에 존재하지 않고 우리가 소유한다.

3종의 신기(神器)[14] 중 칼은, 황국 무력의 의의를 보여준다. 국체를 옹호하고 황운을 부익(扶翼)하여 받들기 위한 무력의 발동이 황국의 전쟁이다.

가장 평화적이라고 믿어지는 불교에서도 열반경(涅槃經)[15]에 "선남자(善男子)여, 정법(正法)을 호지(護持)하는 자는 오계(五戒)를 받지 않고

---

14 일본신화의 천손강림 설화에서 주신 아마테라스 오오미카미(天照大神)가 부여했다는 거울, 구슬, 칼을 뜻한다. 일본의 역대 덴노가 그 신화 속의 기물로서 지금도 계승하고 있다는 보물 야타노카가미(거울), 야사카니노마가타마(구슬), 구사나기노타치(칼)를 가리키는 경우도 있다. 이 보물들은 지금도 각 장소에 신물로서 보존되어 있다고 하나, 덴노조차도 실제로 볼 수가 없다고 한다. 여기에서 따와서 일본이 고도 경제 성장 시기에 상품 판매를 위한 캐치프레이즈로서 TV, 세탁기, 냉장고 등을 '가전의 3종의 신기'라고 부르기도 했다.

15 「대반열반경(大般涅槃經)」의 약칭. 석가모니 부처의 입멸(入滅)에 대해 다루어진 경전.

위의(威儀)를 닦지 않으며 마땅히 도검(刀劍)·궁전(弓箭)·모삭(鉾槊)을 가질 지니", "오계를 수지(受持)하는 자가 있다면 이름 하여 대승인(大乘人)이라 할 수 없노니. 오계를 받지 않더라도 정법을 지킴으로써 곧 대승이라 이름붙이니라. 정법을 지키는 자는 실로 도검·기장(器仗)을 집지(執持)할 지니"라고 설파되어 있으며, 니치렌성인은 "병법검형(兵法劍形)의 대사(大事)도 이 묘법(妙法)에서 나왔느니라."고 단언했다.

그러한 사상이 서양에 있는지 없는지 무학(無学)한 나로서는 알지 못하지만, 설령 있다손 치더라도 오늘날의 서양인에겐 아마도 무력하리라. 전쟁의 본의는 어디까지나 왕도 문명의 지도에 기대해야 한다. 하지만 전쟁의 실행 방법은 주로 힘의 문제여서, 패도 문명이 발달한 서양이 본바닥이 됨은 당연한 일이다.

일본의 전쟁은 주로 국내의 전쟁이었고 민족 전쟁과 같은 심각함이 결여되어 있었다. 특히 평화적인 민족성이 크게 작용하여, 적의 식량난을 동정하여 소금을 보낸 무장의 마음이 되거나 전쟁 동안 와카(和歌)를 주고받기도 하며 혹은 나스노 요이치(那須の与一)[16]의 부채 맞추기 등의 일화가 나왔다. 이렇게 되면 전쟁인지 스포츠인지 구분이 가지 않을 정도이다. 훌륭한 예술품이 된 무기 등에서도 일본 무력의 특질이 나타나 있다.

동아 대륙에서는 한(漢)민족이 오랫동안 중추적 존재였고, 수차례에 걸쳐 소위 북방의 번족(蕃族)(*야만 민족)에게 정복당하긴 했으나 서양만큼이나 강국이 진심으로 서로 대치하지는 않았다. 특히 번족은 군사적으로 지나(支那)를 정복하더라도 한(漢)민족의 문화를 존중해

16 나스노 요이치(那須の与一, 1169(?)~1189년(?)): 일본 헤이안 시대 말기의 무장. 실존하는지는 알 수 없고 어디까지나 군사 설화물인 「헤이케 이야기(平家物語)」 등에 등장하는 인물이다. 미나모토노 요시쓰네(源義経) 밑에서 다이라씨(平氏)와 싸웠는데, 활의 명수라고 하여 군선에 걸린 부채를 맞춰 떨어뜨렸다는 이야기가 유명하다고 한다.

주었다 .또 동아에서는 서양처럼 민족의식이 강렬하지 않아, 오늘날의 연구로도 어떤 민종(民種)에 속하는지조차 명확하지 않은 민족이 역사상에 존재하고 있다. 게다가 동아 대륙은 토지가 광대하여 전쟁의 심각성을 더욱 완화해준다.

유럽은 사실 아시아의 일개 반도에 불과하다. 그 좁은 토지에 다수의 강력한 민족이 밀집하여 많은 국가를 경영하고 있다. 서양 과학 문명의 발달은 그 민족 간 투쟁의 소산이라고 할 수 있다. 동양이 왕도 문명의 전통을 유지한 것에 비해 서양이 패도 문명의 지배하에 들어간 유력한 원인은, 그런 자연적 환경의 결과라고 보아야 할 것이다. 패도 문명으로 인해 전쟁의 본고장이 되었고, 또한 우수한 선수들이 항상 상대하고 있으며 전장 역시 딱 맞는 넓이인 관계로 서양에서 전쟁의 발달이 보다 더 계통적으로 나타난 것은 당연하다. 내 지식이 불충분하여 연구가 자연스레 서양 전사(戰史)에만 편향되었지만, 전쟁의 형태에 관한 한 심각한 불합리는 없으리라 믿는다.

나의 전쟁사가 서양을 정통으로 다루었다고 해서 일반 문명마저 서양 중심이라고 말하고 있지 않다는 점을 특히 강조하겠다.

제8문: 결전(決戰)·지구(持久) 두 전쟁이 시대적으로 교차한다는 견해는 과연 올바른가.

답: 나폴레옹은 오스트리아, 프로이센 등의 나라에 대해서는 정확하게 결전 전쟁을 강행했으나, 스페인에 대해서는 실행하기가 어려웠고 또한 러시아에 대해서는 전력을 다 기울여도 거의 불가능했다. 제2차 유럽대전에서 신흥 나치스 독일은 폴란드, 네덜란드, 유고, 그리스 등 약소국가만 아니라 프랑스에 대해서도 매우 강력하게 결전 전쟁을 강제했다. 소련에 대해서는 개전 당초의 큰 기습으로 중요한 서전에 대성공하면서도, 그리 간단히는 이어갈 수 없는 상황에 처해 있다. 또 나폴레옹도 영국에 대해서는 10년에 걸친 지구 전쟁을 할 수밖에 없었으나, 히틀러 역시 영국에 결전 전쟁을 강제하기는 지극히 어려운 상태이다.

이처럼 같은 시대에도 어느 때에는 결전 전쟁이 일어났고 어느 곳에선 지구 전쟁이 벌어졌다. 결전·지구 양 전쟁이 시대적으로 교차한다는 견해는 충분히 검토해야 한다.

어떤 때, 어떤 곳에서도 양 교전국의 전쟁능력에 현격한 격차가 있을 때에는 지구 전쟁이 되지 않는다는 사실은 당연하다. 제2차 유럽대전에서 독일과 약소국가 사이의 관계가 이에 해당한다. 전쟁 본래의 모습은 물론 결전 전쟁에 있겠으나, 전쟁능력이 거의 필적하는 국가 간에 지구 전쟁이 벌어지는 원인은 다음과 같다.

1. 군대 가치의 저하

문예부흥(*르네상스) 이후의 용병은 완전히 직업 군인이다. 생명을 대상으로 하는 직업에는 약간 무리가 있기에, 얼마나 잘 훈련한 군대라

하더라도 철저하게 그 무력을 운용하기는 곤란했다. 이런 점이 프랑스 혁명까지 지구 전쟁이 되었던 근본 원인이다. 프랑스 혁명의 군사적 의의는 직업 군인에서 국민적 군대로 회귀했다는 점이다. 근대인은 진심어린 애국심에 의해서만 진실로 생명을 바쳐 희생할 수 있다.

지나(支那)에서는 당나라 전성기에 국민개병(國民皆兵) 제도가 무너진 이래, 그 민족성은 극단적으로 무(武)를 천시하고 지금까지도 '호인부당병(好人不當兵)'[17]의 사상을 청산하지 못하여 무력의 진가를 발휘하기 힘든 상태이다.

일본의 전국시대에 무사는 일본의 국민성에 기반한 무사도(武士道)를 통해 강렬한 전투력을 발휘하였으나, 그런 상황 속에서도 매수가 이루어지는 등 당시의 전쟁은 그야말로 모략 중심이 되어 필요하다면 부모, 형제, 처자식까지도 이익을 위해 희생시켰다. 전국시대 일본 무장의 모략은 중국인이나 서양인도 두려워 피할 정도였을 듯하다. 그런 부분에서도 일본 민족은 상당했다. 오늘날에 모략을 써도 그다지 성공하지 않는 이유는 도쿠가와 막부 300년 태평 시대의 결과인 셈이다.

2. 방어 위력의 강대

전쟁에서 강자는 항상 적을 공격하러 가고 적에게 결전 전쟁을 강제하고자 한다. 하지만 그때 전쟁 수단이 지극히 방어에 유리한 경우에는 적의 방어 진지를 돌파하지 못하고, 공격자의 무력이 적의 중추부에 도달하지 못하여 결국 지구 전쟁이 된다.

프랑스 혁명 이래 결전 전쟁이 주로 일어났지만, 제1차 유럽대전에

---

17 '호철불타정(好鐵不打釘) 호인부당병(好人不當兵)'이라고 하여, 우수한 철로는 못 따위를 만들지 않는 것처럼 훌륭한 사람은 군인이 되지 않는 법이라는 의미.

서는 방어 위력이 강대하여 전쟁이 지구전이 되었다. 제2차 유럽대전에서는 전차의 진보와 공군의 발달이 공격 위력을 증가시켜 적 방어선 돌파 가능성이 증가되었고, 제1차 유럽대전 당시와 비교하면 결전 전쟁 방향으로 넘어가고 있다.

전국시대의 축성(築城)은 당시의 무력으로선 공격하기가 곤란했는데 지구 전쟁이 된 중대 원인이 그 때문으로, 전쟁에서 모략이 매우 유력한 수단이 된 데에는 그런 이유가 있었다.

나폴레옹은 10년에 걸친 영국과의 지구 전쟁을 하게 되는 바람에 결국 패배했다. 영국은 빈약한 육상 병력을 보유하고 있었음에도 불구하고 도버 해협이라는 엄청난 해자의 엄호로 나폴레옹의 결전 전쟁을 저지했던 것이다. 오늘날 나치스 독일에 대한 완강한 저항도 도버 해협에 의존하고 있다. 영국의 나폴레옹 및 히틀러에 대한 지구 전쟁은, 도버 해협으로 인한 강대한 방어 위력의 결과라고 보아야 할 것이다.

3. 국토의 확대

공격자의 위력이 적의 방어선을 돌파할 수 있을 만큼 충분하더라도, 공격군의 행동반경이 적국의 심장부에 미치지 못할 때에는 자연스레 지구 전쟁이 된다.

나폴레옹은 러시아의 군대를 간단히 격파하고 진격, 모스크바까지 깊숙이 침입했으나, 이 진격은 나폴레옹 군대의 견실한 행동반경에서 벗어난 작전이었기 때문에 무리가 있었다. 결국 나폴레옹 군의 후방이 위험해졌고 마침내 모스크바 퇴각의 참극을 연출하여 대 나폴레옹 패업의 몰락을 가져왔다. 러시아를 지켜낸 첫 번째 힘은, 러시아의 무력이 아니라 광대한 국토였다.

제2차 유럽대전에서 소련은 독일에 대해 유일하고도 강력한 전체

주의 국방 국가로서 강대한 무력을 가지고 있었다. 적절히 잘 통수(統帥)했더라면 스탈린 진지를 견지하여 독일과 지구 전쟁을 치를 공산도 전혀 없지는 않았으나, 독일의 기습을 당하여 스탈린 진지 내에서 큰 타격을 받고 작전에 불리해져 모스크바까지도 잃을 듯한 분위기이다. 하지만 스탈린이 결심한다면 그 광대한 국토를 사용하여 지구 전쟁을 계속할 수는 있다고 상상할 수 있으며 이번 사변에서 장제스(蔣介石)의 일본에 대한 지구 전쟁 역시도 중국의 광대한 토지에 의존하고 있다.

이상과 같은 3가지 원인 중에 3항은 시대성이라고 볼 수는 없고, 국토가 광대한 지역에서는 양 전쟁의 시대성이 명확해지기 어렵다. 다만 시대의 진보와 함께 결전 전쟁이 가능한 범위가 점차 확대됨은 당연하고, 하나의 무력이 전 세계 곳곳에 결전 전쟁을 강제할 수 있게 되면 즉시 최종전쟁의 가능성이 생기는 것이다.

1항은 일반 문화와 불가분의 관계에 있고, 2항은 주로 무기나 축성에 제약되는 문제로서 시대성과 밀접한 관계가 있다. 다만 해군력을 기반으로 바다를 완전한 장해물로 만들 수 있는 적은, 오늘날까지는 결전 전쟁이 불가능했다. 공군이 진정한 결전 군대가 될 수 있을 때, 비로소 그 장해물이 완전히 힘을 잃는 것이다.

즉 토지가 광대한 동양에서는 양 전쟁의 시대성이 명확하다고 하기 힘들지만, 강국이 바로 인접해 있고 국토도 그리 넓지 않으며 게다가 패도 문명 때문에 전쟁의 본고장이 되어 있는 유럽에서는 양 전쟁이 시대성과 밀접하게 관련되어 있다. 따라서 양 전쟁의 교차되어 나타나는 경향이 현저하였다. 특히 현대의 서유럽에선 군대의 행동반경에 비하여 토지 넓이가 더더욱 줄어들었고, 게다가 병력의 증가로 인해 적 정면을 우회하기가 불가능해졌기 때문에 전쟁의 성질은 병기의 위력과 긴밀하게 관계되어 완전히 시대의 영향 하에 놓였다고 봐야 한다.

제9문: 공격 병기가 비약적으로 진보하더라도, 거기에 맞춰 방어 병기도 또한 진보할 테니 철저한 결전 전쟁이 출현하기는 어렵지 않을까.

답: 무기가 공격·방어 어느 쪽에 유리한지가 전쟁의 성질이 지구·결전 어느 쪽이 될지를 결정하는 주요 원인이다.

칼과 창은 맨몸의 개인이 투쟁할 때에는 결정적 무기이지만, 갑옷의 진보로 인해 그 위력이 제한되었고 특히 축성에 의존하는 적에 대한 공격은 심대하게 곤란하다.

소총은 공격보다 방어에 적합한 점이 많다. 특히 방어 시 기관총의 위력은 엄청나게 뛰어나다. 그에 반해 화포는 소총보다 공격을 유리하게 만들지만 그 위력도 축성과 방어 기술의 진보로 인해 제약되었다. 즉 근래에 기관총이 출현하고 축성술이 진보되어 방어 위력이 급속하게 증대되었으나, 대구경 화포를 대량 사용함으로써 일시적으로 적 방어선 돌파가 가능해졌다. 그로 인해 진지가 교묘하게 분산되었고 결국 화포의 지원을 통한 적선 돌파는 다시금 어려워졌다.

전차는 공격적 병기이다. 제1차 유럽대전에서 전차가 등장하면서 전술계에 엄청난 충격이 일었다. 하지만 그 질과 양은 아직 지구 전쟁에서 결전 전쟁으로의 변화를 일으킬 만큼은 되지 못했다. 그 후 20여 년 만에 제2차 유럽대전에서 전차가 수량과 질에서 엄청난 진보를 이뤄낸 데다, 공군의 위력까지 더해져 독일군이 약소국들은 물론 프랑스를 상대로 과감한 결전 전쟁을 강제할 수 있었던 원인 중 하나가 되었다. 하지만 진심으로 노력한다면, 전차의 정비에 비해 대전차포의 정비는 훨씬 용이하고 또한 전차를 이용한 적진지 돌파는 충분하게 준비한 적에게는 오늘날에도 반드시 간단하다고 할 수 없는 상황이다.

그런데 비행기는, 전차가 지상 병기로서는 매우 결전적이라는 점을 감안하고서도, 완전히 비교를 거부할 정도로 결전적 병기이다. 지상전에선 토지가 축성에 이용되기도 하고 장소에 따라선 그 자체가 강력한 장해물이 되기도 하여, 방어에 엄청난 힘이 된다. 반면 해상에선 토지와 같은 이용물이 없어 방어전이 지극히 어렵고, 방어할 수 있는 유일한 수단은 공격이다. 하물며 공중전에서 방어는 아예 성립하지 않는다.

해상으로부터의 공격에 대한 육상의 방어는 비교적 용이하다. 대함대를 이끌고 와도 시대에 뒤떨어진 해안 요새 공략이 불가능했다는 역사는 많다. 게다가 해상에서 육상을 공격할 수 있는 범위는 지극히 좁다. 그러나 공중으로부터 육상이나 해상에 대한 공격의 위력은 매우 높은 데 비해, 방공(防空)은 엄청나게 어렵다. 대공 사격 및 기타 방공 전투 방법 자체가 진보하긴 하고 있다. 하지만 성층권에서도 행동할 수 있고 속도가 더더욱 빨라질 비행기에 대해서는, 작은 목표라면 몰라도 대도시 등과 같은 거대 목표를 방위하기 위해 지상에서 이루어지는 방어전은, 제공권을 잃고 나면 거의 불가능에 가깝다. 공군의 위력 때문에 모든 것을 지하로 내리는 일을 실행하긴 매우 어렵고, 만약 가능하더라도 여러 능력을 매우 저하시키는 결과를 피할 수 없다.

공군에 대한 국토의 방위는 점점 더 곤란해진다. 성층권을 자유자재로 날아다니는 경이적인 항공기, 거기에 탑재되어 적국의 중추부를 파괴하는 혁명적 병기는 온갖 방어 수단을 무효화시켜 철저한 결전 전쟁을 초래할 테고 결국 최종전쟁을 가능하게 만들 것이다.

제10문: 최종전쟁 때에 나타날 결전 병기는 항공기가 아니라 살인 광선이나 살인 전파 등이 아닐까.

답: 소총이나 대포는 직접 적을 살상하는 병기는 아니다. 거기에서 쏘아져 나온 탄환이 살상 파괴의 위력을 발휘하는 수준이다. 군함의 함체, 즉 '배'엔 적을 파괴하는 능력은 없다. 거기에 탑재된 화포나 발사관에서 쏘아지는 탄환 및 어뢰를 가지고 적함을 쏘아 침몰시킨다.

비행기도 군함과 마찬가지다. 비행기는 직접 적을 해치우는 일보다 신속하게 원거리에 폭탄 등을 보낼 수 있다는 점이 병기로서의 가치이다.

만약 살인 광선, 살인 전파 및 기타 무시무시한 신병기가 수 천, 수만 킬로미터 거리에서 맹위를 떨칠 수가 있다면 항공기가 갖는 병기로서의 절대성은 사라지고 공군을 건설할 필요도 없게 된다. 하지만 최종전쟁에 사용될, 직접 적을 격멸하는 병기 그 자체가 직접 원거리까지 위력을 발휘할 수 없는 한, 장래에 점점 더 행동력이 비약적으로 발전할 가능성을 가진 항공기를 통해 운반할 필요가 있으며, 결국 공군이 결전 군대로서 최종전쟁에 활용되야 한다. 따라서 오늘날의 폭탄을 대체할 엄청난 위력의 파괴 병기가 발명되리라고 믿지만, 그 병기를 원거리까지 운반하여 적을 격멸시키기 위해 항공기는 여전히 필요하다.

제11문: 최종전쟁에서의 전투 지휘 단위가 개인이라고 하는데, 장래에 비행기가 점점 더 대형이 될 것이므로 지휘 단위가 개인이란 말은 틀린 게 아닐까.

답: 지휘 단위가 개인이 되리라는 판단은, 오늘날까지 다수, 즉 대대→중대→소대→분대로 세분화되어 온 과정을 통해 유추하여 다음은 개인이라 생각하는 데에 무리가 없다고 보았기 때문이다. 하지만 다음에 오게 될 전투 방법에 관한 판단이 서지 않기 때문에, 나로서도 질문자와 마찬가지로 구체적으로 생각하자면 충분히 납득되지 않는 면이 있다. 최종전쟁의 실체는 우리 상식으로선 상상하기 어려운 점이 많고, 결전은 공군이 치르게 된다지만 그때 말하는 공군은 지금의 비행기와는 전혀 다른 비행기가 출현한다는 조건일 때에 그렇다는 말이다. 여기에선 모처럼 질문을 받았으니, 내 상식적인 상상을 기술해보도록 하겠다. 결코 권위 있는 답변은 아니다.

전투기는 연료의 제한 탓에 행동반경이 좁을 뿐만 아니라, 비행기의 진보에 따라 아주 소형이라면 여러 가지 제약을 받아 대형기의 속도 증가에 대해 종래와 같은 우위를 유지하기 힘들 것이다. 또한 대형 폭격기의 교묘한 편대 행동과 무장 향상으로 인해 전투기의 가치는 점차 떨어지리라고 판단되었다. 그런데 지나 사변 및 제2차 유럽대전의 경험에 의하면 제공권 획득을 위해 전투기의 가치가 여전히 매우 높다.

적에 폭탄을 떨어뜨리는 폭격기의 임무는 물론 중대하나, 장래에도 공중전의 주체는 여전히 전투기일 것이라고도 생각할 수 있다. 동력에 혁명이 일어나 소형 전투기의 행동반경이 비약적으로 향상된다면, 전투기는 공중전의 스타로서 더더욱 중요한 위치를 차지할 가능성이 있다. 대형기는 편대 행동과 화력만이 아니라 장갑 등을 통한 방어까지도 기도하겠으나, 공중에선 수상과 같이 중량이 큰 방어 설비는 생각하기 어려우므로 소형기가 공격 위력을 충분히 발휘할 수 있다. 공중전에 우세를 점하는 자가 전쟁의 운명을 좌우하고, 공중전의 승부는 주로 소형 전투기로 결정난다고 한다면, 지휘 단위가 개인이라는 말도 맞는 이야기가 된다.

제12문. 최종전쟁에서의 전투지도 정신은 어떻게 될 것으로 생각하는가.

답. 현재의 지구 전쟁으로부터 다음 번 결전 전쟁, 즉 최종전쟁으로 향하는 변화는 재삼 강조했듯이 실로 상식을 뛰어넘는 비약이다. 지상에서의 발달과 달리 상상을 넘어서는 면이 있다. 수학적 발달을 하게 되는 병사 수(전체 남성으로부터 전국민으로), 전투 대형의 기하학적 해석(면으로부터 공간으로), 전투 지휘 단위(분대로부터 개인)는 별도로 하고, 운용에 관한 전투 대형이 '전투군(戰鬪群)' 다음에 무엇이 될지는, 전투 방법을 전혀 상상할 수 없으니 판단이 가지 않는다. 마찬가지로 운용에 관한 전투지도 정신이 '통제' 다음에 무엇이 될지도 전혀 판단하지 못하겠다. 그렇기에 이 두 질문은 솔직히 공란으로 두겠지만, 굳이 대담하게 의견을 피력해보고자 한다.

통제에는 혼잡과 힘의 중복을 피하기 위하여 필요의 강제, 즉 전제적 위력을 사용함과 동시에, 각 병사, 각 부대의 자주적 독단적 활동은 오히려 더 많이 요구된다. 전제적 강제는 자유 활동을 조장하기 때문이다. (28~29페이지 참조) 즉 통제는 자유로부터 전제로 후퇴함이 아니라, 자유와 전제를 교묘하게 종합하고 발전시킨 고차원적 지도 정신이어야만 한다.

전제는 봉건 시대의 사회 지도 정신이고, 봉건 시대는 모든 우수 민족이 한 번씩은 경험해본 바이다. 문화가 어떤 시기에 다다르면 봉건 시대를 필요로 하는 것이다. 조선이 근세에 쇠퇴하게 된 것은 너무 일찍 군현(郡縣) 정치가 이루어져 관리들이 짧은 재직 기간 중에 되도록 많이 착취하려 한 관료 정치 때문이다. 결국에는 국민의 생산하려는, 건설하려는 마음을 근원적으로 소모시켜 인민의 경제 활동 목표가 '생활이 가능한 최소한도의 생산'이 되어버린 결과였다. 봉건 군주가 자신의 영토, 인민을 자손에게 전하기 위해 충분히 애착하게 되는 전제 정치는, 그 시대엔 가장 좋은 제도였다. 하지만 인지(人智)의 진보가 결국 전제 하에서는 충분히 진보적 능력을 활용할 수 없게 되었고, 프랑스 혁명을 전후하여 우수한 민족들 사이에 자유주의 혁명이 차례차례 실행되고 발랄한 개인의 창의 정신이 존중되면서 문명은 경이적 진보를 이루었다.

하지만 모든 것에는 한도가 존재한다. 개인 자유의 방임은 사회의 진보와 함께 각종 마찰을 격화시켰고, 오늘날엔 무제한의 자유로는 사회 전체의 능력을 올릴 수가 없는 상태가 되었다. 통제는 그런 폐해를 시정시키고 사회의 전체 능률을 발휘시키기 위해 자연스럽게 발생한 신시대의 지도 정신일 따름이다. 전투지도 정신이 자유로부터 통제로 진행된 것과 동일한 이유이다. (28~29페이지 참조)

새롭게 통제에 들어서기 위해서는, 자유주의 시대에 지나치게 되어 버린 사리사욕 중심을 억누르기 위하여 최초엔 어쩔 수 없이 반동적으로 전제, 즉 강제를 상당히 강하게 쓰지 않으면 안 된다. 특히 사회적 훈련 경험이 적은 우리나라에선, 자칫 통제가 '자유로부터의 진보'가 아니라 자유에서 통제로의 '후퇴'인 것 같은 장면이 발생하는 것은 자연스러운 흐름이라 하지 않을 수 없다. 하지만 통제를 통해 사회, 국가의 전체 능력을 유감없이 발휘하기 위해서라도 개인의 창의, 개인의 정열이 여전히 가장 중요하므로, 무익한 마찰이나 낭비되는 중복을 회피하는 범위 내에서는 더더욱 자유를 존중하지 않으면 안 된다. 원래 이상적 통제라면 마음의 통일을 첫 번째로 하고 법률적 제한은 최소한으로 줄여야 하는 법이다. 관헌 통제보다도 자치 통제의 범위를 확대할 수 있게 되는 것이 바람직하다. 즉 통제 훈련이 진척됨에 따라 전제적 부분은 점차 축소되어야 한다는 뜻이다.

준결승전 시대의 통제 훈련을 통해, 최종전쟁 시대의 사회 지도 정신은 오늘날의 통제보다 훨씬 더 자유를 존중하고 더더욱 적극적으로 국가의 전체 능력을 발휘할 수 있도록 진보하리라 생각된다.「전쟁사 대관(戰爭史大觀, 이시와라 간지, 1941)」에서는 병역이 프랑스 혁명기까지의 용병 시대에는 '직업'이었다가 프랑스 혁명 이후 '의무'가 되었는데, 최종전쟁 시대에는 그것이 '의무'에서 '의용(義勇)'으로 나아가리라고 예단한 바 있다. 영국·미국의 용병을 의용병(義勇兵)이라 번역하는 것은 적절하지 않다. 여기에서 말하는 '의용'이란 황운부익(皇運扶翼)을 위해 스스로 일신을 바치는 진정한 의용병(義勇兵)을 뜻한다.

프랑스 혁명 후, 병력이 격증하여 특히 준결승 시대인 오늘날의 지구전에는 건강한 남자 전체가 전선에 동원된다. 그러한 대규모 동원은 의무를 필요로 한다. 최종전쟁에선 적의 공격을 받고도 견뎌내는 소극적 전쟁 참여는 전 국민에 해당되지만, 공격적 군대는 소수 정예만이 나서게 될 것이다. (37~38페이지 참조)

이와 같은 군대에는 공평하게 징집하는 의무병으론 적당하다 하기 어렵다. 의무라면 역시 소극적일 수밖에 없기 때문이다. 타인도 자신도 허용하는 진정 우수한 이들의 의용적 참여가 가장 바람직하다. 나치스의 돌격대, 파쇼[18]의 검은셔츠 부대[19] 등은 그런 경향에 시사점을 안겨주지 않나 생각한다.

전투지도 정신도 병역과 마찬가지 방향으로, 최종전쟁 시대의 사회 지도 정신과 마찬가지로 오늘날의 통제보다도 더더욱 많은 자유

---

18 이탈리아어로 '묶음'을 뜻하는 단어인데, 강력한 단결력을 의미하는 것으로써 19세기 말 여러 정치 집단을 가리키는 말로 사용되었다. 특히 무솔리니가 소속되었던 집단에서 사용하면서 유명해졌다. 이후 파시즘(fascism)이란 단어로 이어졌다.

19 무솔리니가 창설한 이탈리아 파시스트 당의 민병 조직.

를 허용하게 될 것이다. 그를 통해 전투 능력의 적극적 발휘를 유도한다는 말인데, 그것은 곧 자유와 통제의 종합 발전이라 할 수 있지 않을까.

또한 최종전쟁 종료 후, 즉 팔굉일우의 건설기에 접어들면 사람들의 자유는 더욱 더 고도로 존중되어, 전 인류 일치 정진 속에서도 각자는 정련된 자유의 정신을 가지고 자주적·양심적으로 자신의 전 능력을 발휘하는 사회 상태가 될 것이다.

통제주의인 오늘날은, 인류 역사상 가장 긴장된 시대이고 약간 무리가 있더라도 최단 기간 안에 최대 효과를 내고자 하는 합숙 시기라는 말이다.

제 13문: 일본이 최종전쟁에서 필승을 기할 수 있다고 하는 객관적 조건이 충분하게 설명되어 있지 않다. 단순히 신앙만으로는 안심할 수가 없지 않을까.

답: 우리는 30년 이내에 최종전쟁이 온다고 보기 때문에, 20년을 목표로 동아 연맹의 생산력이 미주의 생산력을 추월하도록 만들려는 의도이다. 분명히 이는 깜짝 놀랄 수밖에 없는 계획이고, 공상일 뿐이라 웃더라도 무리가 아니다. 우리도 결코 낙관하고 있지는 않다. 어려운 일 중에서도 지극히 곤란한 일이다. 하지만 덴노와 전 인류를 위해, 어떻게 해서든 이것을 실현시켜야 한다.

요즘 일본인은 입으론 정신 제일이라 외치면서 자원 획득에만 열광하고 있다. 오늘날의 독일은 자원이 빈약하다는 곤경을 극복하기 위한 노력을 통해 과학과 기술의 진보를 성취한 것이다. 독일을 존경하는 이라면 우선 그 점을 배워야만 한다. 특히 최종전쟁과 불가분의 관계에 있는 소위 '제 2 산업 혁명'에 직면하기 시작하고 있는 오늘날, 이 점이 가장 중요하다.

자원도 어느 정도는 필요하다. 그러나 일본·만주·지나만으로도 실로 막대한 자원이 매장되어 있다. 세계에 둘도 없는 일본도를 단련해 낸 사철(砂鐵)[20]이 80억 톤, 혹은 100억 톤이라고도 한다. 이것만으로도 철에 관한 한 일본은 세계 제일의 자원을 갖고 있다고 할 수 있다. 다만 사철이 적은 서양의 제철법을 모방해온 일본은, 아직 사철 정련에 완전한 성공을 거두지 못했다. 최근에는 순일본식의 탁월한 방법이

---

20 암석 속의 자철광이 풍화되어 분리되어 퇴적된 것. 오래 전에는 제철의 주원료로 사용되었으나 지금은 철광석으로 대체되었다. 하지만 일본도 등 '다타라후키たたら吹き' 방식으로 만드는 제철에는 사용되고 있다. 미야자키 하야오의 애니메이션 「모노노케 히메」에 등장하는 '다타라 장(場)'이 바로 다타라 방식의 제철 작업장이다.

성공하기 시작하고 있다. 나라사키식(楢崎式)[21]과 같다는, 바로 그 제철법이다. 만주국의 철 매장량은 엄청나다. 석탄은 일본 내에도 상당하지만 만주국의 동쪽 절반은 어딜 파도 석탄이 풍부하게 나온다. 게다가 산서(山西)로 가면 세계 굴지의 자원이 존재한다. 석유는 일본 국내에도 아직 꽤 있다. 열하(熱河)에서 섬서(陝西), 감숙(甘肅), 사천(四川), 운남(雲南)[22]을 거쳐 버마에 이르는 아시아의 대형 유맥이 존재한다는 사실도 확실하다고 하여, 네덜란드령 동인도의 석유는 그 말단에 불과하다고 한다. 실제 열하에서는 석유가 발견되었고 섬서, 감숙, 사천에서 기름이 난다는 사실도 세상 사람들이 아는 바이다. 대규모 시굴을 강행해야 한다. 석탄 액화도 오늘날까지 곤란한 길을 걸어왔지만, 슬슬 순일본식으로 간단하고도 우수하고 세계에 둘도 없는 능률 좋은 방식이 성공을 거두기 시작하고 있다. 앞서 언급한 나라사키식의 성공은 우리가 확신하는 바이다. 그밖의 자원도 결코 두려워 할 필요가 없다. 산서, 섬서, 사천에서부터 서쪽 땅은 거의 미개척 지역으로 어떤 자원이 튀어나올지 예상이 불가능하다.

동아의 최대 강점은 인적 자원이다. 오늘날 이후로 생산의 최대 중요 요소는 특히나 인적 자원이 된다. 일본해, 지나해를 호수 삼아 일본·만주·지나 3국에 밀집 생활하고 있는 5억의 우수한 인구는 진실로 세계 최대의 보물이다. 세상 사람들은 지나의 교육 부진을 걱정하지만 큰 문제가 아니다. 지나인은 엄청난 문화인이다. 세계에서도 경이적인 미술 공예품을 만들어낸 그 힘을 활용하여, 빠른 시일 안에 뛰어

---

21 공공사업가 나라사키 게이조(楢崎圭三, 1847~1920년)가 개량한 제철법을 의미한다. 그 외에도 표고버섯 재배법 등도 개발했다.

22 중국의 성(省) 명칭. 산서성(산시 성)은 중국 서북부에 위치한다. 열하성은 1955년 폐지되어 현재 존재하지 않는데, 허베이성, 랴오닝성과 내몽골 자치구 사이에 있었다. 섬서성(산시 성)은 중국의 정중앙부, 감숙성(간쑤 성)은 중국 서북부, 사천성(쓰촨 성), 운남성(윈난 성)은 중국 서남부에 위치한다.

난 능력을 발휘하게 되리라는 점을 의심하지 않는다.

다만 문제는, 이 인적·물적 자원을 겨우 20년 안에 전부 동원해낼 수 있을지 알 수 없다는 점이다. 말할 필요도 없이 곤란한 큰 작업이다. 하지만 혁명으로 인해 근본적으로 파괴되었던 소련이, 자원이 풍부했다곤 하나 그 자원과 사람이 광대한 지역에 분산되어 있다는 약점을 극복하고, 그 몽매한 인민을 사용하여 5년, 10년 만에 성공적인 생산력 확장을 이뤄낸 점을 감안하면 우리는 결단코 성공을 의심하지 않는다. 그저 위대한 달견(達見)과 강력한 정치력이 필요할 뿐이다. 일억일심(一億一心)도 멸사봉공(滅私奉公)도, 명확한 이 목표를 향해 강력하게 집중시킬 때에 비로소 진정한 의의를 발휘한다.

특히 내가 강조하고 싶은 점은, 서양인은 물질문명에 탐닉하고 있지만 우리에게는 수천 년 동안 내려온 조상들의 전통 덕에 진심으로 간소한 생활에 만족할 수 있다는 점이다. 일본의 1만 톤 순양함이 동급의 미국 갑급(甲級) 순양함과 비교하여 전투력에 커다란 차이가 있는 이유는, 대부분 일본 해군 군인들의 강건한 생활 덕분이다. 얼마 전 나는 아키타(秋田)현에 있는 이시카와 리키노스케(石川理紀之助)[23] 옹의 유적을 찾아 무한한 감정에 북받쳤다. 옹은 10년이란 긴 세월 동안 구사키다니(草木谷)란 산 속의 4첩 반(*약 273cm×273cm의 넓이) 정도 초가집에 단신 기거했고, 그 후 후사가 죽게 되어 어쩔 수 없이 집에 돌아온 후에도 매우 좁은 암자에서 일생을 보냈다. 그 간소하기 이를 데 없는 생활 속에 수십만 수의 시가를 짓고 향을 피우고 차를 끓이며, 진정으로 높은 정신생활을 영위하면서 동시에 농사 및 기타 놀랄 만큼 진보된 과학적 연구와 개선을 행했던 것이다. 이 동양적·일본적 정

23 이시카와 리키노스케(石川理紀之助, 1845~1915년): 일본의 농업기술 개발자. 아키타현의 농업의 토대를 만들었고, 빈농을 구제했다고 한다.

신을 살려 생활을 최대한 간소화시키고 모든 것을 최종전쟁 준비에 바침으로써 서양인이 생각조차 하지 못할 힘을 발휘할 수 있다. 일본주의자는 탁상공론보다도 솔선하여 그런 생활을 실행하지 않으면 안 된다. 이 간소 생활은 당장 국민들이 고민해 마지않는 방공(防空)의 곤란함에 대해서도, 커다란 광명을 주리라 믿는 바이다.

어렵기는 하겠으나, 우리는 반드시 20년 이내에 미주를 능가하는 전쟁능력을 키워낼 수 있을 것이다. 여기에서 주의할 점은, 지구전쟁 시대에는 주로 양(量)으로 승패를 결정지었으나 결전전쟁 시대에는 주로 질이 문제가 된다는 점이다. 우리가 단연 새로운 결전 병기를 먼저 창작해낼 수만 있다면, 오늘까지 뒤처졌던 질을 단숨에 회복하는 일도 결코 불가능하진 않다. 시국이 급전하는 시기에는, 후진국이 선진국을 앞지를 기회를 얻기도 비교적 용이한 편이다. 철저한 과학 교육, 기술 수준의 향상, 생산력 확충이 우리가 분투할 목표이지만, 특히 발명의 장려에는 국가가 최대한 관심을 기울여 탁월 과감한 방책을 강행해야만 한다.

발명을 장려하기 위해 국민이 가장 신경 써야 할 점은 발명을 존경하는 일이다. 일본의 천재 중 한 명인 오하시 다메지로(大橋爲次郎)[24] 옹은 황기 2,600년 기념으로 메이지 신궁 근처에 발명 신사(神社)를 지어, 동서고금을 통틀어 탁월한 발명으로 인류 생활에 커다란 행복을 준 사람들을 모시고 싶다고 열심히 운동을 했다. 나는 매우 의의가 큰 계획이라고 생각했지만 아쉽게도 창립되지 못했다. 바라건대 전 국민이 가슴 속에 발명 신사를 지어주었으면 한다. 이 중대한 시기에 천재는 자칫 사회적 중압 속에 묻혀버리곤 한다.

---

24 마르크스주의, 교육칙어 등을 다룬 「일본의 방침」(신쇼세쓰샤, 1940년) 등을 저술한 인물.

발명 장려 방법은 관료적이어선 절대 안 된다. 반드시 벼락부자들을 동원해야 한다. 독단으로 마음껏 큰돈을 내던질 수 있지 않으면 발명의 장려는 불가능하다. 발명이 어느 정도까지 성공되면 그 발명가에게 큰 상을 수여함과 동시에, 그 발명을 보호한 자에 대해서도 훈장을 내리도록 부탁하고 싶다. 현재는 훈장을 주로 관리에게, 연공에 따라 수여하고 있다. 자유주의 시대라면 국가의 통제 하에 있는 관리들이 특별한 은상을 받는 일도 당연하겠으나, 통제 시대에는 진정으로 국가에 적극적인 공적이 있는 자에게 직종 등의 구애 없는 공정한 은상 부여가 중요하다. 발명의 가치에 따라서는 그 보호자에게 작위를 내리는 일도 주청(奏請)해야 한다. 덧붙여 한 대에 벌어들인 재산에는 매우 높은 상속세를 부과하는 등의 방법을 쓴다면, 벼락부자들은 자신이 벌어들인 전부를 발명 장려에 내게 되리라. 자신의 힘으로 벌어들인 부(富)를 최종전쟁 준비를 위한 발명의 장려에 바치는 일이, 쇼와 시대 벼락부자의 명예이고 자랑이 되어야 한다.

성공이 확실하게 보이는 발명은, 국가의 연구 기관에서 종합적 학술의 힘으로 빨리 공업화시킨다. 대형 연구 기관 신설이 원래부터도 필요했지만, 전일본의 연구 기관을 형식적이 아니라 유기적으로 통일시켜 그 모든 능력을 자주적·적극적으로 발휘시켜야만 한다.

최종전쟁을 위해서는 얼마나 많은 지역을 우리의 협동 범위로 삼아야 하는 지가 큰 문제이다. 작전상, 혹은 자원 관계를 고려하여 되도록 넓은 범위를 희망하지만, 동시에 전쟁과 건설은 좀처럼 양립하기 어렵고 대량 건설을 위해서는 가능한 한 긴 평화가 필요하다는 점도 고려해야 한다. 공연히 범위 확대를 위해 힘을 소모하는 것에 대해서는 신중하게 생각하지 않으면 안 된다. 이 점에 대해서도 지구전쟁 시대와 달리, 결전전쟁에만 철두철미해야 하는 최종전쟁 시에는 반드시 절대적으로 넓은 지역을 작전상 필요로 하지는 않는다. 우수한 병력이 한꺼번에 결전을 행할 수 있기 때문이다.

이상과 같이 우리가 최종전쟁에 이기기 위한 객관적 조건은 분명 낙관할 수만은 없으나, 우리의 모든 능력을 종합 운용한다면 반드시 가능하다. 그리고 그 초인적 사업을 가능하게 하는 것은 국민의 신앙이다. 팔굉일우의 이상을 달성하고자 하는 국민들의 부동(不動)의 신앙이, 어떤 곤란도 반드시 극복하리라. 고난과 역경의 바닥에 떨어져서도 태연히, 감연히 매진하는 원동력은 바로 그런 신앙을 통하여 항상 광명과 안심을 얻을 수 있기 때문이다. 일본 국체의 영력(靈力)이 모든 부족한 점을 보완하여 최종전쟁에 필승할 수 있도록 만들 것이다.

제14문: 최종전쟁의 필연성을 종교적으로 설명하고 있는데, 과학적으로 설명되지 않으면 현대인은 받아들일 수가 없다.

답: 이런 종류의 질문을 간혹 받는데, 사실 나로선 의외라고 심각하게 생각한다. 나는 니치렌성인의 신자로서 성인의 예언을 확신하므로, 그 신앙을 전 국민에게 전하고 싶은 열망을 갖고 있다. 하지만 「최종전쟁론」이 결코 종교적 설명을 위주로 하고 있지 않음은, 약간만 진지하게 읽은 독자라면 즉시 이해할 수 있다고 믿는다. 이 이론은 나의 군사과학적 고찰을 기초로 삼았으며, 부처의 예언은 정치사(史)의 흐름, 과학·산업의 진보 등과 함께 내 군사 연구를 방증하기 위해 든 한 가지 예에 불과하다.

물론 군사 과학에 대한 내 설명이 매우 불충분하다는 점은 애초부터 자인하는 바이다. 하지만 이러한 종합적 사회 현상을 완전하게 과학적으로 증명하는 일은 불가능하다. 과학적이라고 스스로 자랑하는 마르크스주의조차도, 자본주의 시대의 다음에 무산자(無産者) 독재의 시대가 온다는 판단은 결국 하나의 추정일 뿐이지 결코 과학적으로 정확하다곤 할 수가 없다. 마찬가지 견지에서, 불완전한 나의 최종전쟁이 반드시 발발하리라는 추정 역시 나름대로 과학적이라고도 할 수 있지 않겠는가. 일본의 지식인은 오늘날까지 군사과학의 연구를 등한시하여, 특히 자유주의 시대에는 역사 속에서 전쟁에 대한 연구를 더더욱 경시해왔다. 전쟁은 인류가 보유한 온갖 힘을 순간적으로 가장 강하게 종합 운용하는 행위이다. 따라서 전쟁의 역사는 문명 발전의 원칙을 가장 단적으로 나타내준다고 할 수 있다. 또한, 전쟁은 많은 사회 현상 중 가장 과학적으로 검토하기 쉽다고 본다.

근래에 종교를 부정하는 풍조가 강한 틈을 타고 "「최종전쟁론」에 예언이 담겨 있는 것은 온당하지 못하다. 예언과 같은 것들은 세상을 어지럽힌다."고 비난하는 이가 많다는 이야기를 듣곤 한다. 인간의 지혜가 얼마나 진보되더라도 뇌세포의 수와 질이 제약되어 일정한 한도가 있고, 과학적 검토에도 마찬가지로 한도가 존재한다. 그리고 그것은 우주의 삼라만상과 비교할 때 아주 국한되어 있는 일부분에 지나지 않는다. 우주 속에는 영묘한 힘이 있어 인간도 그 일부분을 받고 있다. 그 영묘한 힘을 올바르게 사용하여 과학적 고찰이 미치지 않는 비밀에 돌입할 수 있는 것은 하늘이 인류에 내려준 특권이다. 만약 사람이 우주의 영묘한 힘을 부정한다면, 아메노미나카누시노카미(天御中主神)[25]를 부정하는 일이며 따라서 일본 국체의 신성(神聖)도 그 중대한 의의를 잃는 결과가 된다. 아마테라스 오오미카미(天照大神)[26], 진무(神武) 덴노, 석존(釋尊) 등과 같은 성자는 수천 년 뒤를 예언할 수 있는 강한 영력을 보여주었다. 예언을 비난하려 하는 과학 만능의 현대인은 '천양무궁(天壤無窮)', '팔굉일우'라는 대예언을 어떻게 받아들이고 있는가. 황조황종(皇祖皇宗)의 이 대예언이 실로 우리 안심(安心)의 근원이다.

25 '天之御中主神'라고도 표기한다. 일본신화에 등장하는 신. 천지개벽에 관련된 다섯 신 중의 하나.

26 일본신화에 등장하는 신. 일본 황실의 시조신이자 일본 고유의 종교인 신도의 주신이다. 태양을 신격화한 신이라고 여겨진다.

제15문: 산업대혁명의 필연성에 관한 설명이 불충분한 듯하다.

답: 그 말대로다. 내 지식은 군사 이외에는 전혀 없다고 해도 과언이 아니다. 신앙을 통해 직감한 최종전쟁을, 내 전문인 군사 과학의 빈약하지만 양심적인 연구를 통해 어느 정도 구체적으로 해석해냈다는 생각으로 세상에 「최종전쟁론」을 발표했다. 그러면서 군사가 일반 문명의 발전과 보조를 같이 한다는 원칙에 의거하여 각 방면에서 관찰하더라도 마찬가지 결론에 도달하리라는 신념 아래, 약간의 추정을 서술한 것에 불과하다.

이 질의응답 중에도 분수를 넘는 외람된 독단이 많이 있으리란 점은 충분히 잘 알고 있고 매우 부끄러울 따름이다. 뜻있는 분들이 사상·사회·경제 등 여러 방면에서 검토한 후 가르침을 내려주기를 진정으로 부탁드리는 바이다. 「동아연맹(東亞連盟)」지에 실린 다치바나 시라키(橘樸)[27]씨의 발표에 대해서 나는 진심으로 감격하고 있다.

27 다치바나 시라키(橘樸, 1881~1945년): 일본의 저널리스트, 평론가. 청나라 말기부터 중국에서 「요동신보」를 시작으로 신문과 잡지에서 기자 활동을 했다. 1918년 시베리아 출병 당시에 종군기자로서 일본군과 동행했다. 1925년에는 남만주철도(만철) 촉탁 직원이 되었다. 당초에는 중국과 일본이 대등한 관계여야 한다고 생각했으나, 1931년 만주사변 이후 이시와라 간지와 교류하며 초국가주의자로 전향했다고 한다. (「세계대백과사전 제 2판」, 히타치 솔루션즈 비지니스, 1998년)

[보론]

인간 이시와라 간지

홍성완

이시와라 간지, 지금 대한민국에 사는 우리들에게는 꽤 생소한 사람이다. 조금이라도 알려져 있다면 만주국이 세워진 계기가 된 일본의 만주침략을 주도한 인물이지만, 군 내 파벌싸움에서 밀려 물러난 인물이라는 정도가 알려진 전부다.

하지만 그뿐일까?

최근까지 일본에서 나오는 여러 매체에서 이시와라 간지는 지속적으로 등장하는 단골손님이다. 일본에서 전쟁이 끝난 후 좌-우 이데올로기 대립 속에서 전쟁의 근원처럼 취급받아 발을 못뻗던 우익들이 미국 연대한 세계평화라는 기치를 다시 세울 때, 그 사상적 기반을 닦았다는 평가를 받으며 재조명된 인물이 바로 이시와라다. 그랬기에 이후 이시와라 간지는 이시와라를 주연으로 다루는 여러 소설은 물론, 영화 '전쟁과 인간', '라쿠요우', 만화 '무지갯빛 트로츠키', '지팡구', 판타지적인 애니메이션 '섬광의 나이트레이드', 심지어 우리나라 영화인 '좋은 놈, 나쁜 놈, 이상한 놈'에도 잠깐이나마 등장할 정도로 유명해졌다. 문화상품 곳곳에 알게 모르게 등장할 정도로 영향을 끼친 인물이라면, 그 사람이 어떤 생각을 했으며 왜 그렇게 생각했는지 알아볼만 하다는 생각이 들지 않을까?

이시와라가 쓴 '세계최종전쟁론'은 2개의 초강대국이 진정한 평화를 위한 마지막 전쟁에 돌입한다는 내용을 담고 있다. 물론 이시와라는 그 2개의 초강대국 중 하나로 일본을 들고 있지만, 실제 역사는 그렇지 않았다는 사실을 독자여러분은 모두 잘 알고 있다. 그렇지만, '세계최종전쟁론'에서 종교와 역사적인 부분을 제외한 무기, 전쟁의 규모, 상황 등은 마치 역으로 미국이 초강대국으로서 할 일들을 예언한 내용처럼 보일 정도다.

그래서 이시와라는 과연 어떤 삶을 살아왔는지, 그 궤적을 따라가

대중 문화에 등장한 이시와라 간지
야스히코 요시카즈, 「무지갯빛 트로츠키」 2013

며 그가 '세계최종전쟁론'을 집필하게 된 과정과 훗날 일본 우익의 사상적 기반으로 이용된 이유가 무엇이었는지 알아보자[1].

이시와라 간지는 1889년 1월 18일(호적상으로는 17일)에 야마가타 현 니시타가와군(현재 츠루오카 지역)의 옛 쇼나이번 예하 무사가문의 일원인 한노우 경찰서장 이시와라 게이스케와 카네이 부부의 셋째 아들로 태어났다. 이시와라 게이스케는 6남 4녀를 보았지만, 장남 이스미가 두 달 만에, 차남 마고츠는 생후 2주 만에 죽었기 때문에 이시와라는 사실상 장남이었다.

1 본문을 구성하는 주 참고문헌 및 해당 문헌의 내용에 대해서는 참고도서 부분을 참조하기 바라며, 본문에서 긍정적으로 서술되는 부분은 1차 사료 대부분이 이시와라 본인이나 친족, 이시와라를 존경한 부하 등에 의해 작성되어 있기 때문이라는 점을 유의해주기 바란다.

나머지 형제자매 중 넷째 남동생인 지로는 군인이 되어 해군 중좌까지 진급했지만 비행기 사고로 직무 중 사망했고, 다섯째 사부로는 한 살 때 사망, 여섯째 로쿠로는 전후까지 생존하여 간지의 활동을 도우며 살다가 간지가 죽은 후 니시야마 농장에서 농업을 연구하며 1976년에 죽었다. 이시와라의 누나인 장녀 츠카사는 전통 있는 의사 가문 남자와 결혼했다. 둘째 누나인 유키는 군인과 결혼했지만 19살 때 남편이 러일전쟁에서 전사해 미망인이 되었다. 여동생 미노리는 생후 열흘 만에 죽었고 사다는 24세가 되기 전에 죽었다.

경찰관료였던 부친의 잦은 전근으로, 어린 이시와라도 한 지역에 정착하지 못하고 자주 이사를 다녔는데, 이런 잦은 이사가 정서에 영향을 끼쳤는지 어려서는 조금 난폭한 성격을 보였으며 자신을 잘 돌봐주지 않는 부모와 사이가 별로 좋지 않았다. 자녀가 많아 바쁜 어머니를 대신해서 간지를 돌보던 츠카사와 유키가 학교에 이시와라를 데려갔을 때, 교실에서 문을 두드리며 난동을 부렸는데, 이게 입학의 계기가 되었다.

처음에는 학교에서 난동을 부리는 꼬마가 조카인 간지라서 교장실로 데려간 아츠미 보통고등소학교(초등학교)의 타다시 야스시 학교장은 간지와 몇 마디 말을 나눠보고 학생들이 보는 문제로 시험을 치게 하였는데, 아직 입학하지도 않은 간지가 1학년 학생들보다 성적이 월등히 높게 나오자 놀랐다. 야스시는 이시와라의 아버지 게이스케에게 "간지는 영특하니 집에서 1년간 미리 공부했다고 하고 2학년으로 편입시키지 않겠습니까?"라고 제의하여 학교에 월반하여 입학시켰다. 그 바람에 삼촌 덕분에 월반한 거 아니냐며 따돌림 당하기도 했지만, 역으로 학교장이 삼촌이었기 때문에 곧 진정되었다.

그렇게 학교를 다니기 시작한 이시와라는 금방 우수한 재능을 보여주며 3학년 때는 학년에서 가장 높은 성적을 보여주었고, 특히 작문, 수학 성적은 최고였다. 그런 반면에 건강은 상당히 나쁜 편이어서 동북제국대학 부속병원에 보관된 어린 이시와라의 건강기록부에는 홍역에 걸려 여러 번 천연두 예방접종을 했다는 기록이 있다. 하지만 건강과는 별개로 군에 입대하여 장교로 복무 중인 삼촌 시라이 시게사를 본받기 위함이었는지 친구들과 전쟁놀이에 열중했다. 이때부터 간지가 군에 들어가겠다는 생각을 해왔는지도 모른다. 소학교 친구들이 놀이를 마치고 서로 자기가 되고 싶은 일에 대해 말하며 꿈을 자랑할 때 간지는 "나는 육군대장이 될테야!"라고 친구들에게 말했다.

그런 꿈을 이루기 위해서 결정했을까? 1902년 쇼나이 중학교 2학년에 재학 중이던 간지는 센아지 지방 육군 유년학교에 응시하여 보기 좋게 합격했다. 동기생 51명 중 1등이라는 우수한 성적이었다. 수석 입학한 이시와라가 누구보다 앞선 부분은 독일어, 수학, 국한문 등 그야말로 머리를 쓰는데 특화된 듯한 학과들이었다. 하지만 역시 건강이 문제였는지, 아니면 본인이 몸을 쓰는 과목을 그다지 좋아하지 않았는지 알 수 없지만 기계체조, 검술 등 몸으로 해야하는 과목에서는 서툴러, 성적이 그다지 좋지 않았다.

이시와라는 장래에 군이 될 인재를 키우는 유년학교에 다니고 있었으면서 여전히 괴짜스러우면서도 반항적인 성격이었다. 당시 장교들은 전장을 눈에 들어오게 할 필요가 있다는 이유로 주변 사물과 경치를 그릴 수 있는 능력을 요구해서 학생들에게도 그림 수업을 진행했다. 매 수업마다 그림을 그려오라는 지시에 다들 어떻게 그릴지, 무엇을 그려야할지 어려워하며 고민하고 있었지만 이시와라는 화장실로 가서는 자신의 성기를 그려 제출했다. 그림 밑에다가는 "화장실에 들어앉아 매번 소재를 고민하다, 나의 보물을 그렸다"라고 써놓기까지 했다. 이 그림을 받은 선생이 "이시와라군은 수업을 모욕하는 거냐!"며 화를 내고 교무회의에서 이시와라의 퇴학을 건의했지만, 우수한 성적을 거두고 있던 이시와라를 아낀 교장이 "그렇다면 앞으로 이시와라 군은 내가 훈육하겠다."고 말해 무마시켰다.

센다이 지방 유년학교를 졸업한 1905년, 혼자 도쿄로 와서 중앙 육군 유년학교(고등학교 급)에 입학한 다음부터는 몸으로 하는 과목들이 늘어났다. 특히 이제는 정말 군인들이 배울만한 실전적인 무기 분해 조립, 제식을 배우기 위한 교련, 승마 등이 수업에 추가되었다. 이시와라는 이렇게 바쁜 와중에 학교 공부 말고도 전쟁사, 철학 도서들을 탐독하기 시작했다. 이때부터 시작한 독서가적 기질과 처음으로 읽은 법화경(다나카 지가쿠 저)에 관한 책이 이후 생애 전반에 걸쳐 영향을 주었다고 생각된다. 중앙 유년학교는 도쿄에 있었기 때문에 이시와라는 방학이나 휴일을 최대한 활용해 당돌하게도 노기 마레스케[2] 대장이나 오쿠마 시게노부[3] 전 내각총리대신과 같은 유명한 군인들이나 정치가들을 찾아가 가르침을 구했다. 그렇게 노력한 끝에 중앙 유년학교를 졸업할 때 성적은 요코야마 이사무[4], 시마모토 쇼이치[5]에 이어 3등이었다.

---

2 노기 마레스케(乃木 希典), 일본육군 대장이자 교육자, 작위는 백작. 태평양 전쟁의 책임자인 일본 덴노 히로히토의 교육을 맡기도 했다. 서남 전쟁, 러일전쟁 등에서 지휘관으로 활동했다. 여순요새 포위전에서 수많은 장병들의 희생 끝에 승리했으므로 무능하다는 평가를 받지만 노기의 아들들도 참전하여 전사했고, 전후 책임감에 고통스러워하던 모습이 자주 노출되었으며 훗날 메이지 덴노가 죽은 후 자살했기 때문에 비난과 긍정여론이 비등한 편이다.

3 오쿠마 시게노부(大隈重信), 일본의 정치가이자 교육자, 작위는 후작. 내각에서 외무대신, 내각총리대신 등을 역임하였으며 와세다 대학의 초대 총장이기도 하다.

4 요코야마 이사무(横山勇), 훗날 일본 육군 중장으로 전쟁이 시작될 때 4군 사령관이었다. 전쟁이 끝날 무렵 16방면군 사령관 겸 서부 군관구 사령관을 겸하고 본토결전에 대비해 준비하던 중 일본의 무조건 항복으로 포로가 되었다. 규슈대학 생체해부사건 최종 책임자로 체포되어 전범재판에서 교수형을 언도받았으나, 감형되어 금고형에 처해져 1952년 옥중에서 병사했다.

5 시마모토 쇼이치(島本正一), 훗날 일본 육군 중장까지 역임했으나 전쟁 당시 특이한 업적 없이 육군 헌병학교 학교장으로 전쟁이 끝나 예비역으로 편입된 후 1967년에 사망했다.

유년학교를 마친 이시와라는 당연한 이야기지만 1907년, 육군사관학교로 진학했다. 당시에 육군사관학교로 진학하는 일은 상당한 인재로 인정받았다는 뜻이었다. 사관학교에서도 학구열은 여전해, 군사학 교육에 집중하며 교실과 도서관, 자습실을 오가는 생활을 했다. 어릴 때부터 자신을 잘 돌봐주지 않았던 부모님과는 사이가 좋지 않았기 때문에 휴가를 받아도 굳이 집으로 돌아가지 않고 사관학교에 남아 도서관에서 전쟁사와 철학, 사회과학을 연구했다. 유년학교 시절처럼 명사들의 저택을 찾아가 가르침을 구하는 생활도 여전했다.

학교에서 공부하던 틈틈이 군사잡지를 읽으며 새로운 전술문제나 흥미로운 내용이 나오면 그 부분에 대한 스스로의 답을 찾아내 잡지사에 투고하고, 그 다음 달에 나오는 군사잡지에서 자신이 투고한 답에 대한 강평이나 의견이 나오면 기뻐하며 그 내용을 꼼꼼히 살폈다. 그래서 사관학교에서도 졸업할 당시 학과 성적은 3등이었으나, 반항적인 성격 때문에 구대장의 지시에 반발하거나 모욕한 사실로 생활태도 점수에서 감점을 받았었기 때문에 최종적으로 6등으로 졸업했다. 일본육군은 사관학교와 육군대학에서 높은 등수를 받은 장교를 무척이나 우대하여 진급 및 평가를 받기에 매우 유리했으므로 이시와라의 높은 성적은 육군에서 탄탄대로를 보장하는 징표나 다름없었다.

견습사관이 된 이시와라가 처음으로 배치 받은 부대는 제 65보병연대였다. 부대에서 교관임무를 수행하던 이시와라는 매우 엄격한 교육훈련을 실시하는 견습사관으로 유명해졌고, 곧 소위로 진급했다. 이 와중에도 군사학 공부와 군사잡지를 읽고 투고하는 일을 멈추지 않았다. 미츠쿠리 겐파치[6]의 「서양사 강연」과 카케이 가쓰히코[7]의 「고신도 대의」[8] 등 군사학 이외에도 철학과 역사를 공부하는데 힘쓰기까지 했으니 그야말로 학구열이 대단했다는 말밖에 할 말이 없다. 훗날 조선 총독이 되는 미나미 지로로부터 아시아주의[9]에 대한 가르침도 받고 있었다. 그 영향으로 1911년 제 65보병연대가 강제병합한 조선에 진주군으로 배치되어 춘천에 주둔하던 시절, 중국의 쑨원이 신해혁명을 일으켰다는 소식을 듣자 부하들에게 그 의의를 설명하고는 부하들과 함께 "지나 혁명 만세!"를 외쳤다는 일화도 남겼다.

하지만 이시와라는 근본적으로 사치와 향락에 대한 거부반응이 지나쳐, 술과 담배조차 입에 대지 않는 생활을 했기 때문에 당시 일반적인 군인들과는 차이가 있었다. 예를 들자면, 연대 회식을 할 때 연대장이 술잔을 돌리면 모두가 당연히 마시고 건배를 해야 했지만, 이시와라는 "저는 술을 마시지 않습니다."라며 술잔을 받는 일을 완강히 거부했다. 술기운이 거나하게 오른 연대장이 이시와라의 앞에 와서 잔을 가득 채우고는 "마셔"라고 말했지만, 이시와라는 "그럴 수 없습니다."라고 거절했다. 화가 나서 얼굴이 붉게 타오르던 연대장은 손

---

6 미츠쿠리 겐파치(箕作元八), 일본의 유명한 역사학자, 원래 동물학을 연구했으나 독일 유학 중 역사학으로 분야를 바꿔 크게 성공했다. 일본으로 돌아와서는 나폴레옹 전쟁사, 프랑스 대혁명의 역사 등을 저술하여 서양사 분야에서 매우 유명했다.

7 카케이 가츠히코(筧克彦), 일본의 법학자이자 신토(일본 종교) 사상가. 덴노를 중심으로 하는 일본의 국가정체성 및 종교적 관점을 저술한 인물로 유명하다.

8 일본 고유 종교인 신토를 연구한 서적으로 토착 종교인 신토를 '국가신토'로 변형하기 위한 기반 이론서가 되었다. 구성은 고대부터 신토 사상이 어떻게 이어져 왔는지, 그리고 덴노가문이 그 중심역할을 했다는 형태로 이루어졌다.

9 일본의 대아시아 침략의 근본적인 기반이 되는 사상으로, 처음에는 '아시아의 모든 민족이 구습에서 벗어나 문명화한 다음, 하나로 단결하여 서구 열강의 침략으로부터 아시아를 지키자'라는 주장으로 시작되었다. 하지만 점차 '깨인 일본 중심으로 아시아를 통합'하자는 형태로 변질되어 나중에는 '대동아 공영권'이라는 침략전쟁의 사상이 되고 만다. 아시아주의가 주창되는 초기에 아시아의 많은 지식인들이 이에 공감을 표했으나 단재 신채호 선생은 본질적인 문제를 깨닫고, "문명화의 단위는 국가와 민족이어야 하며, 각국의 독립이 전제되지 않으면 단지 강제병합을 눈가림하기 위한 얕은 속임수"라고 말했다. 그 말대로 아시아주의는 일본의 속임수 였으므로 이후 이를 순수하게 믿던 개화파 조선인, 중국인들과 소수의 일본 지식인들은 속았다는 사실을 깨닫고 절망하기도 했다.

가락으로 잔을 가리키며 이시와라에게 다시 "당장 마셔!"라고 명령했지만, 이시와라는 굳게 입을 다물고 거절했다. 결국 그날 연회 분위기는 냉랭하게 식어버려 곧 파장이 났다. 고작 중위가 대좌의 잔을 거절했기 때문에 연회 다음날부터 연대장 눈 밖에 나버렸지만 이시와라는 개의치 않고 임무를 수행했다. 이시와라를 눈엣가시처럼 여기던 연대장은 마침 육군대학 입교시험 기간이 다가오자, "부대에 육군대학 입학자가 한 명도 없다면 그야말로 연대의 수치다!"라고 말하며, 응시자를 모집했다. 하지만 이시와라만큼은 본인의 의사도 묻지 않고 입학시험 대상자로 집어넣었다. 육군사관학교 성적도 좋았으니, 시험에 합격시켜 부대에서 내보낼 겸, 자기 체면도 세울 기회라고 생각했기 때문이다. 자기도 모르는 사이에 응시자로 분류되었다는 사실을 알고 한달음에 달려온 이시와라가 "저는 야전부대 근무를 원합니다."라며 입학시험 응시를 거부하려하자 연대장은, "이미 군에 응시자 명단을 제출했다. 이건 명령이니 군인이라면 명령에 따라!"라며 이시와라와 눈도 마주보지 않았다.

육군대학에 입학하는 코스는 고급 군인으로 출세하기 위해서라면 반드시 거쳐야하는 엘리트의 길이었다. 실제로 육군대학의 성적이 곧 장군 계급장으로 연결되는 모습은 일본군의 상식이었다. 그래서 응시하는 모두가 열심히 준비하고 있었는데, 이시와라는 어차피 보고 싶지 않았던 시험이었으므로 되면 되고 말면 말라는 심정으로 자기 임무에만 충실했다. 함께 시험을 봐야하는 동료들은 도대체 이시와라가 언제 공부를 하는지 이해할 수가 없었지만, 실상은 아예 공부를 하지 않았기 때문에 알 수도 이해할 수도 없었을 것이다.

일본 육군대학 입학시험은 초급 전술학, 축성학, 무기학, 지형학, 교통학, 군사과학, 어학, 수학과 역사 과목으로 이루어진 시험으로, 시험

과목별 3시간에서 3시간 반씩 진행해 총 5일간 치르는 시험이었다.

이시와라는 시험 당일에도 참고서하나 들고 오지 않고 시험장에 입실한 다음, 누구보다 빠르게 답안을 작성해서 제출해버렸다. 그리고는 시험에는 관심도 없다는 듯, 시험장이 설치된 부대에서 훈련하는 모습이나 부대 운영에 대해 묻고 돌아다녔다. 해당 부대 간부들도 귀찮았지만 이시와라의 열의에 이끌려 부대 운영과 훈련에 대한 논의를 함께 했다.

면접시험에서 '기관총을 올바르게 사용하는 방법'에 대해 논하라는 질문을 받은 이시와라는 즉석에서, "항공기에 장착하여 적 종대를 향해 사격하는 방법이 가장 좋다."라며, "마치 주정뱅이가 걸어가면서 오줌을 흩뿌리듯, 연속해서 사격하겠다."다는 내용을 칠판에 그려가며 설명했다. 말이나 표현은 천박했지만 군에서 항공기에 기관총을 다는 방안에 대해 제대로 인식하고 있지 않았던 시절에 나온 견해라는 점을 생각해보면 무척이나 혁신적이었다.

그렇게 시험이 끝난 뒤, 합격자 발표결과 연대에서 응시한 사람 중 합격자는 이시와라 뿐이었다. 1915년 육군대학에 입교한 이시와라는 마치 사관학교로 들어왔던 시절처럼 다시 학구열을 불태웠다. 엘리트 코스였던 육군대학은 사관학교와는 비교도 할 수 없을 정도로 어려운 전술학, 전략, 군사사 등 교육과 난이도에 비례하여 막대한 과제가 주어졌지만, 이미 전술학, 군사학을 꾸준히 독학해온 이시와라는 남들이 끙끙거리고 있어도 개의치 않고 재빨리 과제를 제출해버렸다. 그리고 사관학교와는 비교도 될 수 없을 정도로 많은 자료를 가지고 있던 육군대학의 도서관에 매료된 듯 들어앉아 사상과 종교학 공부에 힘썼다. 다른 공부에 열중했어도 이미 축적된 지식은 어디로 떠나지 않아, 전술학 교관과 열띤 논쟁을 통해 자신의 의견을 관철시키기도 했다. 육대에서도 이시와라의 괴짜 같은 기질이 잘 드러났는데, 학생장교들의 타병과 전술교육 이해도 증진을 위한 타병과 순환훈련 기간에 포병부대에 배치된 이시와라가 했던 행동은 그야말로 파격적이었다. 함께 배치된 모두가 처음으로 경험하는 포병 훈련에서, 학생장교들에게 시범을 보이던 포병부대의 지휘관은 포를 진지에서 내보내, 대열을 형성하여 이동하고 다시 전투를 위해 전개한 다음, 사격을 지휘하고 다시 역순으로 포병 진지로 복귀시키는 절차를 보여주었다. 학생장교 대부분은 생소한 지휘에 애를 먹으며 순서대로 진행했다. 하지만 이시와라는 자기 차례가 오자 허리에 차고 있던 지휘검을 빼 들고 "항상 하던 순서대로 하라!"라고 포병 부대원들에게 명령했다. 순간 포병부대 지휘관과 동료들은 어이가 없었지만, 포병 부대원들은 이시와라의 지휘에 따라 절차대로 실시하고 다시 돌아왔다. 훗날 보여주는 허례허식을 경멸하던 자세는 이미 이때부터 확립되어있었던 모양이다.

이렇게 착실하게 육대에서 교육을 받으며 2년을 보낸 1917년 7월, 이시와라는 고향에서 부모님이 부른다는 소식에 본가로 갔다. 고향에서는 황당하게도 삼촌에게 소개받았다는 이유로 부모가 멋대로 정한 혼약자 시미즈 야스코와의 결혼식이 기다리고 있었다. 주변에서는 신부의 아버지가 야마가타 현에서 상당한 자산가로 알려진 시미즈 가문 사람이라서 결정되었다고 쑥덕거렸다. 부모님과 사이가 좋지 않았던 이시와라는 억지로 혼례를 치른 다음날 바로 도쿄로 떠나버렸다. 물론 부인은 데려가지 않았다. 결국 혼인관계는 2개월 만에 파탄이 났고, 두 사람은 이혼했다. 이미 이시와라는 도쿄에서 마음에 두고 있던 사람이 있었기 때문에 이 혼인은 본인이 납득할 수 없었다.

공적으로도, 사적으로도 복잡다난한 육대생활을 한 이시와라는 육대 교육과정을 마칠 무렵, 괴짜라도 성적만큼은 분명 수석이었다. 그런데 졸업식이 있던 날, 발표된 성적에서는 차석으로 밀려났다(육군대학 30기는 총 60명이었다). 이시와라를 대신해서 수석으로 호명된 사람은 스즈키 요리미치[10]였다. 본인은 별로 차석으로 밀려난 일에 불만을 내보이지 않은 듯하지만, 뒤에서는 말이 많았다. 당사자인 이시와라가 관심도 갖지 않았기 때문에 이유가 무엇 때문이었지는 지금도 확인되지 않았다. 졸업할 때 제출한 논문은 작전적 관점에서 호쿠 에쓰 전쟁[11]을 연구한 「나가오카 번의 사무라이, 카와이 츠키노스케」였다.

야전부대로 돌아길 바랐던 이시와라가 간신히 본대로 복귀한 다음 해 1919년, 이시와라는 대위로 진급하여 바라던 대로 야전부대의 중대장이 되었다. 하지만 육대에서 거둔 높은 성적은 이시와라를 야전부대 중대장으로 내버려두지 않았다. 중대장으로 임무를 수행한 지 3개월 만인 7월이 되자 도쿄의 교육총감부에서 이시와라를 불러들였다.

도쿄로 돌아온 이시와라는 8월, 그동안 편지를 주고받으며 연모하는 마음을 키웠던 코쿠부 테이와 결혼했다. 코쿠부 가는 대대로 도쿄에 거주하던 무사가문이긴해도 화족(일본 귀족)은 아니었다. 이시와라가 자신보다 7살 연하였던 테이와 언제부터 연심을 키워갔는지는 알려져 있지 않지만, 남아있는 편지에는 '테이짱'이라 애칭으로 불렀으며 테이도 이시와라에게 어리광을 부린 흔적이 나타나는데다 두 사

10 스즈키 요리미치(鈴木率道), 훗날 육군 중장. 1차 세계대전이 끝난 후 프랑스에서 재외무관을 지내며 항공부대의 발전이 미래전장에 끼칠 영향에 대해 연구하여 일본 육군항공대의 발전에 기여해 육군항공대의 아버지로 불리지만, 속한 파벌이 2. 26사건 당시 반란을 일으킨 황도파여서 반란이 실패로 끝난 후 참모본부에서 쫓겨났다. 이후 야전군을 전전하다 1943년 물자통제령 위반으로 제 2항공군 사령관에서 해임당하고 귀향하고 같은 해 8월 사망했다.

11 막부가 개혁세력과 타협하여 사실상 막부 정권을 중단하고 덴노 중심의 신정부를 구성하기로 약속하여 실행한 다이세이호칸(大政奉還) 이후 신정부에 들어온 조슈-사츠마 세력이 구 막부 세력을 신정부에서 축출하려하자 벌어진 내전에서, 니가타 현 일대에서 벌어진 전쟁을 칭하는 이름.

1921년 한커우에서 찍은 사진(사진 좌측)

람의 금슬이 좋았다는 점을 상기해보면 시대를 앞선 연애결혼이었다고 생각된다. 결혼 이후 그동안 불화를 겪던 부모와의 관계에서 이시와라가 부모에 사과하고 서로를 이해하게 되는데, 이때 테이의 역할이 컸다고 한다. 이렇게 결혼과 집안 문제를 모두 해결한 다음해인 1920년에 중국 중부파견대 사령부로 이시와라의 보직이 변경되었다. 이시와라는 부임하기 전 국주회에 가입하여 그동안 공부만 해오던 철학과 종교에도 한 발을 담갔다. 한커우 중국 중부파견대에서 근무하던 1년간은 별다른 특이한 행동 없이 보냈던 모양이다.

1921년 귀국하여 육군대학 군사학 강사가 된 이시와라는 1년 동안 군사학을 연구, 강의하며 새로운 청년 청년장교들과 교분을 맺었다. 곧이어 23년에는 육군대학 소속 재외무관으로 독일로 발령이 났다. 독일로 떠난 이시와라는 화족인 난부 가에서 운영하는 독일 타운하

우스에 짐을 풀었다. 어릴 때부터 독일어능력이 뛰어났던 이시와라는 학구열 또한 전혀 줄어들지 않아, 독일 원서로 프리드리히 대왕 전기와 나폴레옹 전기, 연구서 등을 가리지 않고 탐독했다. 해외에서 생활하면서 생긴 본국에 대한 그리움 때문이었을까? 파견 근무지만 외교관의 일원이었던 무관이어서 자주 행사에 초대받았는데, 항상 일본 전통 예복을 입고 다녔다. 또한 이시와라가 일련종 계열 국주회[12]의 열렬한 추종자로 알려지기 시작한 시점도 바로 이 때부터였다. 이 시절 이시와라는 종교에 심취해있었지만 자신의 임무도 소홀히 하지 않았다. 무관임무를 수행하며 전후 독일의 체제변화와 독일군에 대한 연구, 그리고 1차 세계대전 전훈 연구를 지속했다. 이국적인 옷을 입고 돌아다니던 이시와라는 명물이었으리라 생각된다. 물론 평소에는 독일인 사이에서 유행하는 코트에 정장도 입고 다니긴 했지만 말이다. 그렇게 독일에서 근무하던 중 소좌로 진급했다.

재외무관 임무를 마치고 돌아온 1925년, 독일에서 공부한 성과를 바탕으로 군사학 강사에서 고대전쟁사 강사로 학과를 변경하고 다시 교육과 연구에 매진하였다. 이때 그동안 보고, 듣고, 경험한 내용과 국주회를 통해 얻은 신앙적인 내용을 통합하여 세계최종전쟁론의 초안을 쓰기 시작했다. 이 당시 일본의 이세 신궁[13]에 참배하고 온 후, 계시를 받았다는 망상에 빠질 정도로 광신적인 신앙에 사로잡혀 있었다는 말도 있다.

1928년 5월에 중이염이 악화되어 군의관 학교 부속병원에 입원했

---

12 국주회(国柱会), 가마쿠라 시대(13세기) 활동했던 승려 니치렌을 추종하며 그 견해를 현대에 맞게 해석하여 믿어야 한다는 종교단체. 세계최종전쟁론 본문에 나오는 팔굉일우나 종교의 통합, 미래에 대한 예측의 근거를 제공하였다.

13 일본 미에 현 이세 지역에 위치한 일본 토착 종교인 신토의 신사로, 일본 전국의 신사들 가운데 일본의 통합성을 상징하기 위한 목적으로 기원전 1세기경에 창립되어 현대까지 이어진 대단히 권위 있는 신사이다.

다가 2개월 만에 퇴원했는데, 퇴원한 다음 달에 바로 중좌로 진급하고 관동군의 작전주임참모로 임명되어 10월, 만주에 부임했다. 자신의 사상에 심취해있던 이시와라는 이미 침략을 위해 사용하고 있던 아시아주의를 구호 그대로 믿는 순진한 바보와도 같은 감정을 여전히 품고 있었다. 그리고 이시와라는 그런 자신의 사상적 기반을 토대로 관동군에 의한 만주–몽골 영유계획을 작성하기 시작했다.

이 계획이 작성되던 시기는 이미 만주에 대한 야심을 드러내고 있던 일본 관동군이 그동안 자신들에게 협조하던 친일 군벌 장쭤린을 폭사시킨 뒤, 국민당에 의한 열차 폭발 사건으로 조작하고 만주를 영유할 계획을 세우다 실패하여 덴노와 대본영의 반발을 사고 있던 시기였다. 그간 협조적이던 장쭤린 군벌(이후 장남 장쉐량이 이어받음)이 적대관계로 돌렸기[14] 때문에, 이번에는 군벌에 의한 도발이 발생하면 즉각적으로 관동군이 이를 제압하고 이후 지역에 대한 민심안정과 관리를 위해 자치정부를 수립하여 독립시킨다는 계획을 포함하고 있었다. 즉 사실상 만주국 설립을 위한 기초단계는 이시와라가 만주에 부임하기 전부터 시작되고 있었지만, 이시와라는 이 망상을 실체화한 것이다.

근면성실하게 자신의 일을 하던 이시와라에게 다가온 기회는 생각보다 컸다. 정부에서 군축을 위해 긴축정책을 시행한 시점인 29년에 하필이면 전 세계에 경제대공황(일본도 심각한 영향을 받아 쇼와 공황이라고 불렀음)이 몰아닥쳤다. 농민들이 몰락하고 도시에 실업자가 넘쳐나는 바람에 그동안 군부에 제동을 걸던 일본의 민주주의자들이 실각해버렸다. 이렇게 경제가 어려워진 상황에 군에 입대한 젊은이들은 강경파

14 친일본 정책을 펼치던 아버지 장쭤린이 폭사당한 사실을 안 장쉐량은 자신의 군벌세력과 함께 국민당에 투신했고, 1929년부터 국민당 정권의 중화민국은 반일운동을 시작했다.

들에게 귀 기울였고, 본국에서도 해외 진출을 적극적으로 논하게 되었다. 이런 상황에서 중국 국민당 정부가 정당한 권리를 내세우며 만주에 대한 경제이권을 회수하기 위해 노력하기 시작하자 일본에서는 아예 만주를 빼앗아 자신들이 소유해야한다고 주장하던 강경파들의 목소리가 덩달아 높아지기 시작했다.

이시와라는 이 기회를 충분히 활용해 만주침략의 발판을 마련하기 시작했다. 새로 관동군 사령관으로 부임한 혼조 시게루를 등에 업고 고급참모 이타가키 세이시로와 함께 작성한 '만몽영유계획'을 실행할 준비를 하기 시작했다. 1931년 6월에 터진 나카무라 대위 사건[15]과 7월에 발생한 만보산 사건[16]을 계기로 일본은 만주지역에 적극적인 개입을 시작했다. 곳곳에서 중국 군벌들과 시비를 벌어졌고, 만주 일대에서는 불안한 기운이 감돌기 시작했다.

물론 본국에서는 이런 분위기를 좌시하지 않고 멋대로 행동하지 말라고 지시를 내렸지만, 관동군은 9월 18일, 류탸오후 지역 남만주 철도 노선 상에 폭약을 설치, 폭파시키고는 이를 중국군 소행으로 발표하고 바로 당일 중국 동북군 북부 사령부를 공격했다. 사령부에 있던 이타가키와 이시와라는 즉각 사령관의 허가를 얻어 중국 동북군에 대한 공격을 명령했다. 당시 장쉐량 군은 약 23만 병력을 보유하고 있었으나, 일본침략의 구실을 주지 않기 위해 왠만한 도발에는 대응하지 말라고 명령받은 시점이라 관동군의 기습에 반격도 하지 못하고 속수무책으

---

15 일본 육군 참모본부 소속으로 중국 동북지방에 대한 스파이 활동을 목적으로 여행을 하던 나카무라 신타로 대위가 중국군에게 사로잡혀 간첩죄로 총살당한 사건.

16 중국 당국으로부터 허가를 받지 않은 업자와 토지 임차계약을 맺은 조선인(일본 식민지 상태이므로 일본 국적이 된)들이 만보산 일대에서 개간을 하다 지역 중국인들에게 피해를 입히자 중국인들이 개간하던 관개수로를 메우고 일본 경찰에 항의한 사건. 이 사건은 곧 엉뚱하게도 일제에 의해 악용되어 조선인들이 중국인들에게 학살당했다는 일본이 조작한 정보를 기초로 조선에서 신문보도가 나는 바람에 평양 등 한반도 곳곳에서 화교들이 대량 학살당하고, 이 소식이 역으로 만주에 퍼져 중국인들이 조선인들을 린치하는 사건으로 확대되었다.

로 당했다. 특히 북부군 사령부는 1만이 넘는 병력이 주둔하고도 반격 명령을 받지 못해 단 500명의 일본군을 피해 도망칠 수밖에 없었다.

다음날까지 관동군은 펑톈을 비롯, 남만주 철도 경로상에 위치한 주요도시를 순식간에 장악했다. 반격해야할 동북군벌군은 분산된 데다 사령관 장쉐량마저 베이징에 체류하고 있었으며 사태의 전모를 제대로 파악하지 못한 난징의 국민당 정부가 절대 반격하여 빌미를 주지 말라는 명령까지 내려버렸다. 이 바람에 장쉐량의 23만 군은 순식간에 붕괴되어 지린성과 펑톈성은 일본군에 의해 완전히 장악되었고, 관동군은 친일 관리들을 앞세워 두 성의 독립을 선언했다.

본국에서는 만주 침략을 긍정하던 파벌과 전쟁의 확대를 경계하던 파벌이 대립하고 있었으나 이미 발생한 사건에 대해서는 어쩔 수 없으니 추인하자는 논의가 이루어졌고, 그 덕에 만주 침략은 사실상 공인되었다. 이제 전면적으로 만주 전체에 대한 공세에 들어간 관동군은 손쉽게 만주 일대를 장악했다.

이시와라는 10월 관동군 작전과장으로 승진했고, 사령관기에 탑승해 진저우 폭격을 직접 지휘하는 등 적극적으로 침략활동을 전개했다. 특히 11월에는 만주에 남아 저항하던 장쉐량 군의 마지막 주력 부대인 마진산의 2만여 군을 상대하는 전투에서 직접 작전을 지도하여 마진산 군을 고착시켰다. 이후 이타가키가 마진산을 설득, 동북지방 새 정부(곧 만주국으로 이어짐)에 참여시키면서 동북지방에서 조직적인 저항을 사실상 제압[17]했다.

1932년 초, 펑톈, 지린성에 이어 러허성까지 장악한 관동군은 이후

17 하지만 마진산은 1932년 4월에 만주국을 탈출하여 국민당군에 재합류 한 뒤 마적시절에 익힌 게릴라 전법으로 동북지방에서 항일운동을 전개하면서 나중에는 팔로군과도 연계하는 등, 항일 투쟁을 계속했다.

청나라의 마지막 황제였던 푸이를 끌어들여 만주국 건국을 주도했다. 이시와라는 이 과정에서 자신이 생각하던 세계최종전쟁을 준비하기 위해 만주국을 이상국가로 발전시키려 노력하기 시작했다. 소련의 경제계획 5개년 계획을 본 따 만주국에서도 경제개발 계획을 수립하고 실행하는데 결정적인 역할을 한 것이다.

우습게도, 긴축재정으로 어려움을 겪던 일본 본토의 경제사정이 만주침략 때문에 적극재정 정책으로 변경한 결과 일시적으로 호전되자 일본 국민들마저 전쟁에 적극적으로 찬성하기 시작했다. 이시와라는 일본 본토와 조선 등에 새로운 나라를 건설하고 있는 만주국에 이주하도록 '오족협화', '왕도낙원'등의 슬로건을 걸고 적극적으로 사람들을 유혹했다. 황당하게도 진심으로 오족협화를 믿은 듯한 이시와라는 그간 주장하던 '만-몽 영유론'을 '만-몽 독립론'으로 발전시키고 있었다. 이 주장에는 심지어 일본인들도 만주국으로 이주해왔다면 일본인이 아니라 만주국민으로 살아야 된다는 내용도 있었다. 이런 구상에서 볼 때 이시와라가 꿈꾼 만주국은 일본이 중국인과 함께 세운 새로운 독립국으로, 자신이 생각한 세계최종전쟁론에서 서구열강을 통합한 제국과 맞서기 위한 대아시아 국가 성립 단계에서 가장 충실한 동맹국이었던 모양이다.

하지만 당연히 이런 이상주의적 관점은 만주국을 중국 침략을 위한 병참기지로 만들려던 관동군 사령부와 본국 육군 참모본부의 생각과는 맞지 않았다. 만주 침략을 공적으로 인정받은 이시와라는 32년 8월 대좌로 진급했지만 제네바 군축회의 수행무관으로 임명받아 만주국에서 멀어졌다. 교묘한 처사였다. 이시와라는 자신의 뜻을 펼칠 기회라고 믿은 만주국을 떠나길 바라지 않았으나 명령은 어쩔 수 없었다. 이시와라는 만주를 떠나며 자신을 본국으로 밀어낸 자들의 등 뒤에 전쟁을 확대하려는 세력이 존재한다는 사실을 깨달았다.

그래도 이시와라는 본국에서 다시 수행무관으로 출국하여 유럽에 머무는 동안 혈뇨증세가 악화되어 고생하면서도 만주국에 대한 관심을 놓지 않았다. 하지만 다음해 귀국한 이시와라를 기다리고 있던 새 보직은 만주국이 아니라 센다이에 있는 제 4보병연대의 연대장 자리였다. 이시와라는 명령에 충실하게 따랐다.

연대장이 된 이시와라가 제일 먼저 한 일은 재미있게도 마굿간에 토끼장을 설치한 일이었다. 처음엔 병사들이 이를 이상하게 생각했다. 그러자 이시와라는 "동북지방에서는 가난한 병사들이 많다. 이런 병사들이 병역 의무를 마치고 집으로 돌아갈 때 약간의 저금 외에 빈손이라면 사회에 정착하는데 얼마나 어렵겠나? 이 앙골라 토끼는 덩치가 크고 기르기도 편하면서 쉽게 번식하니 어려운 생활에 도움이 될거다."라며 제대를 앞둔 병사들에게 토끼 키우는 법을 가르치고 제대할 때 몇 마리씩 토끼를 가지고 돌아가게 했다. 또한 자신이 겪었던 부조리를 생각했는지, 병영 안에서 벌어지는 사적 제재를 강경하게 처벌하고, 이러한 일을 근본적으로 막기 위해 중대 내무반 별로 출신지가 같은 병사들끼리 생활하도록 모았다. 제대하고 돌아갔을 때, 지역사회에서 서로 마주칠 얼굴이거나 원래 알던 사이라면 심하게 행동하지 못하리라는 사람들의 심리를 찌른 방책이었다.

또한 이시와라는 사적 제재와 같은 병폐가 계속되는 문제는 생활의 어려움이나 쾌적함이 부족한 스트레스에서 기인한다고 생각했다. 이시와라는 간부식당을 닫고, 병사식당에서 함께 식사하면서 식단과 맛을 높이도록 독려하면서 식자재를 빼돌리는 행위를 엄단했다. 목욕탕에 순환식 세정장치를 도입해 깨끗한 물을 쓸 수 있도록 하고 군내 매점에 상품 및 가격에 대한 개선까지 실시하자, 병사들의 사기는 크게 높아졌다. 이는 훈련 등에서 저절로 반영되어 제 4보병연대는 높은 성과를 거뒀다.

앞서 토끼를 챙겨주던 이시와라의 일화에서 보듯, 이시와라는 제대하는 병사들을 항상 직접 배웅해왔다. 어느날 중대장이 제대를 기념해서 멋진 일본식 예복을 입은 만기제대 병사들을 앞에 늘어놓고 지루하게 훈시를 하는 모습이 이시와라의 눈에 들어왔다. 집에 돌아갈 생각에 훈시를 듣는 둥 마는 둥하던 병사들의 머리 위로 갑자기 소나기가 쏟아지기 시작했다. 하지만 중대장은 황급히 비를 피하려던 병사들을 제지하고 훈시를 계속했다. 그 꼴을 본 이시와라는 지휘봉을 휘두르며 한걸음에 뛰어와서는 "중대장 이 바보 같은 자식아! 병사들이 빌려 입은 옷을 홀딱 젖게 만들 거냐?"라고 호통을 치며 훈시를 중단시키고 병사들이 집으로 돌아가도록 했다.

이렇게 2년여에 걸쳐 연대장 생활을 마친 이시와라는 35년 8월, 참모본부의 작전과장으로 영전했다. 일본 육군은 이미 수년째 황도파[18]와 통제파[19]로 분열되어 권력 투쟁을 하고 있던 와중이었다. 이시와라가 참모본부에 들어올 당시에는 통제파가 군 내 권력을 잡고 그동안 자파 위주의 인사정책을 펼치던 황도파를 하나하나 예비역으로 돌려버리고 있었다. 황도파의 대부였던 전 육군대신 아라키 사다오 대장마저 실각하자, 황도파의 위기감은 한층 높아졌다. 이런 때 보직이동되어 참모본부에 온 이시와라는 스스로 "통제니 황도니 말이 많지만 굳이 내가 파벌이 있다면 나는 만주파다."라고 말하고 다녔다. 이시

18 일본 육군의 청년 장교들을 주축으로 한 파벌로, 현 정부의 부정부패한 수뇌부가 덴노를 등에 업고 전횡하면서 나라를 올바르게 이끌 생각은 추호도 없다고 생각하여, 이러한 수뇌부를 숙청하고 덴노에게 권력을 집중시켜야 한다고 믿었다.

19 황도파에 반대하여 '군은 군인에게 맡기고 정치는 정치인이 해야한다.'라고 주장한 파벌. 우스운 일이지만 이 파벌이 훗날 2차 세계대전을 수행하면서 군부독재정권의 핵심이 된다.

와라는 인맥으로 보자면 통제파에 가까웠지만 사상이나 행동적인 면에서는 황도파와 많이 닮은 편이었기 때문에 통제파에서도 '황도파는 아니지만 통제파인지도 잘 모르겠다.'라고 말할 정도였다.

이시와라가 참모본부 작전과장으로 임무를 수행하기 시작한 다음 해, 황도파 장교들은 이제 자신들의 뜻을 이룰 수 있는 방법은 반란뿐이라고 믿고, 당장 휘하에 동원할 수 있던 1,483명의 병력으로 반란을 시도했다. 이 사건을 일본에서는 2.26 사건이라고 한다.

반란군은 통제파 주요 장교들을 억류하거나 살해하고, 주요 정치인들을 살해[20]했다. 반란군의 목표는 도쿄를 장악하고 덴노를 다시 권력의 중심으로 옹위한 다음, 자신들이 주장을 받아들여줄 정치인들을 중심으로 한 개혁을 실행하는 것이었다.

이 반란에서 이시와라는 진압부대의 핵심인물로 큰 활약을 했다. 반란 발생 초기, 그간 행적 때문에 황도파에서 제압 대상으로 분류하지 않아서 신변에 별다른 문제가 없었던 이시와라는 새벽부터 울린 전화소리에 깼다. 받은 전화에서 스즈키 테이이치 중좌가 수도 한복판에서 반란이 났다며 급하게 말하자, 이시와라는 당장 군복을 챙겨입고 참모본부로 향했다. 입구를 지키고 있던 근위 3연대(반란군) 소속 병사들이 책상으로 가로막아 놓은 문을 보고도 조금도 주저하지 않고 들어가려 했다. 반란군들은 총검을 겨누고 심지어 방아쇠에 손을 올린 병사도 있었다. 해당 부대를 지휘하던 모시야 키요즈미 소위가 병사들을 막고 이시와라에게 "멈추십시오!" 라고 말하자, 이시와라는 "이봐 소위, 들어가겠다! 나 참모본부의 이시와라 대좌다!"라고 외

---

20 이른바 살생부를 작성하여 살해했는데, 이때 주요 대상은 당시 내각총리대신 오카다 게이스케, 시종장 스즈키 간타로, 전 내대신 마키노 노부아키, 문화통치로 조선 지식인들을 분열시킨걸로 유명한 전 조선총독이자 현 내대신 사이토 마코토, 전 총리대신이자 대장대신(재무부장관) 다카하시 고레키요, 원로 정치인 사이온지 긴모치 등이 있었다. 이 중 오카다는 다른 사람을 오카다로 착각해 살해하는 바람에 살아남았고, 나머지는 죽거나 간신히 탈출했다.

쳤다. 이시와라에 대해 알고 있던 모시야 소위는 이시와라에게 다가가 "대좌님, 지금 여기는 위험천만한 장소입니다. 저는 대좌님을 존경하고 있습니다. 이런 죽을지 모르는 곳에서 피하십시오."라고 말하자, 이시와라는 "나는 참모본부의 일원이고, 지금 들어가야 한다."라고 말했다. 이에 소위는 "군인회관 쪽으로 들어가시면 괜찮으실겁니다."라고 조심스럽게 말했다. 이시와라는 소위의 진심을 느꼈는지 그 어깨를 툭툭 쳐준 후 "너의 마음은 잘 알고 있다."라고 말하고는 군인회관방향으로 발을 돌렸다.

군인회관을 통해 육군본부 건물로 들어가려는 이시와라를 발견한 반란주모자 안도 테루조 대위는 옆에 있던 병사들에게 총을 겨누게 하고 "멈추시오! 지금 유신을 단행하고 있으니 들어가면 쏘겠소!"라고 외쳤다. 그런데 이시와라는 안도 대위를 향해 "뭐가 유신이냐! 폐하의 군대를 감히 사사로이 쓰는게 유신이냐? 이 이시와라를 죽이고 싶으면 네놈의 손으로 직접 쏴봐!"라고 일갈했다. 안도 대위는 오만한 표정을 지은 채 너무나 당당하게 들어가는 이시와라를 눈 앞에 두고도 결국 총을 쏘라고 명령하지 못했다.

반란군들은 대부분 참모본부 건물을 봉쇄하고 외부에 있었지만, 안에도 장교들이 몇 명 돌아다니며 적성인사와 동조자를 구분하고 있었다. 반란에 참여한 쿠리하라 야스히데 중위가 작전과 방향으로 걸어가던 이시와라를 발견하여, 옆에 다가와 조용히 권총을 꺼내들었다. 그리고 선채로 "이시와라 대좌님과 우리의 생각이 다른 부분도 있다고 생각합니다만, 먼저 대좌께서는 이번 쇼와 유신에 대해 어떻게 생각하시는지 알고 싶습니다."라고 물었다. 이시와라는 흘낏 권총을 보고는 쿠리하라 중위의 얼굴을 향해 표정을 일그러뜨렸다. "나는 너희가 말하는 쇼와 유신이 뭔지 잘 모른다. 하지만 내 생각에 유신이란 군비와 국력을 충실하게 키우는 일이야." 라고 천천히 말한 다음, 큰 소리로 "그러니 당장 이딴 짓을 그만 둬! 당장 그만두지 않으면 토벌군을 이끌고 와서 모두 쓸어버리겠다!"라고 일갈했다. 쿠리하라 중위는 주춤주춤 뒤로 물러나면서 권총을 다시 권총집에 넣었다.

작전과에 도착한 이시와라는 문서들이 그대로 있는지 확인하고 바로 당직근무실로 이동하여 참모차장 스기야마 하지메[21]에게 전화를 걸어 현재 본부의 상태를 설명했다. "어떻게 하면 좋겠는가?"라는 참모차장의 질문에 이시와라는 "당장 계엄령을 선포하고 진압을 시작해야 된다고 생각합니다."라고 답했다. 참모차장은 조용히 "알았네."라는 한마디로 이시와라의 건의를 받아들였다.

참모본부에서 나와 포위된 육군대신의 관저에서 현 상황에 대해 확인한 이시와라는 바로 계엄군 사령부로 변모한 도쿄 경비대 사령부에 들어갔다. 이시와라는 계엄군으로 반란군을 제압할 방안에 대해 고민했다. 청년 장교로 구성된 반란군 지도부는 사전에 반란이 성공하면 내세울 황도파의 거두들에게도 제대로 설명하지 않았던 듯, 황도파의 거두 중 하나였던 하시모토 긴자부로 대좌와 같은 사람들도 정확한 상황을 모른 채 급히 상경하여 반란군을 설득해 자신들에게 유리한 수준에서 반란을 멈추고 협상을 하는 쪽을 선택하려했다.

육군 수뇌부를 황도파로 갈아치우려다 통제파의 역습으로 경질되었던 아라키 사다오 대장도 마찬가지였다. 아라키 대장은 오후에 도쿄 경비대 사령부로 방문하여 계엄군 사령부를 설득하여 반란에 참여시키려했다. 그러나 경비대 사령부로 들어오는 아라키 대장을 본 이시와라가 책상을 박차고 일어나서는 "이 얼간아! 너 같은 바보자식

---

21 스기야마 하지메(杉山 元): 일본의 육군 원수, 육군대신을 역임했다. 태평양 전쟁에서 무능하기로 유명한 장군이다. 전후 패전에 대한 책임을 통감한다며 권총자살로 생을 마감했다.

이 대장 계급장을 달고 있으니 이딴 어처구니없는 일이 터진 거다!"라고 고함쳤다. 대좌가 대장에게 갑자기 폭언을 하자 사령부는 순간 조용해졌고, 욕을 먹어 어안이 벙벙해진 아라키 대장은 분노로 얼굴이 빨갛게 달아오르면서 "이런 무례한 놈! 상관을 향해 무슨 말버릇이냐! 육군의 지엄했던 군기가 땅바닥에 떨어졌구만!"이라고 호통을 쳤다. 그러자 이시와라는 "군기? 반란군이 수도에 바글대는데 그 놈의 군기는 대체 어디에 있냐?"며 아라키 대장에게 맹렬하게 반박했다. 당장 권총이라도 뽑아 서로 쏘아도 이상하지 않을 그때, 야스이 도쿄 경비대 참모장이 두 사람 사이에 끼어들어 상황을 무마하며 아라키 대장을 밖으로 내보냈다. 이시와라는 그 직후 육군성 군무국원들과 함께 궁내성[22]에 방문해 계염령 선포가 시급하다고 요청했지만, 궁내성은 '군과 의견을 나누는 일은 육군대신을 통해서만 한다.'는 원칙에 따라 면담을 거절했다. 하지만 답변을 받지 못한 채 복귀했으면서도 이시와라는 그대로 계엄령을 선포하고 반란진압 명령을 내리기 시작했다.

특히 이시와라는 황도파가 손발이 맞지 않는 모습을 보여주는데 주목했다. 그리고 이렇게 틈을 보이는 황도파를 이용하려고 했던 듯, 그날 저녁 하시모토를 통해 황도파 반란군들과 협상을 시도했다. 스기야마 참모차장의 이름을 빌려, 황도파에서 협상을 주도하던 하시모토에게 연락하여 협상할 회의장을 마련하고는 직접 마주한 것이다. 여기서 하시모토 대좌는 "폐하께 직접 상주하여 반란군 장병의 사면을 요청하고, 그 조건으로 반란군은 항복하되, 이렇게 군이 수도를 장악한 걸 기반으로 혁신 정부를 수립하여 시국을 수습하는 방안

22 덴노를 보좌하는 부처.

이 어떻겠소?"라고 말했다. 수습과정에서 정권의 일익을 담당하겠다는 의도가 내포된 제안이었다. 이시와라는 이 의견에 대해 "그 견해는 좋다고 생각한다. 하지만 한 사람이 결정하기에는 너무 큰 문제이므로 나 혼자만의 생각으로 결정할 수는 없다. 일단 참모차장의 승인이 필요하므로 잠시 다녀오겠다."라고 말하고는 참모차장에게 연락하는 척 했다. 그리고는 돌아와 "참모차장도 찬성하시는 모양이니 돌아가서 문제를 정리해보도록 하자."라고 답했다.

사실은 거짓말이었다.

이렇게 시간이 지연되는 동안, 도쿄 일대에 주둔하고 있던 대부분의 부대에는 계엄군 사령부에서 반란을 진압하기 위해 상경하라는 명령이 내려갔고, 곧 모여든 병력이 도쿄 전체를 포위하기 시작[23]했다. 도쿄 주변을 포위한 육군 병력은 23,800여명에 달했다. 반란군은 나름대로 복잡한 내부 사정을 가지고 있었다. 당초 자신들이 원했던 덴노의 친정을 이루기 위해 황궁에 자신들이 사건을 일으킨 경위를 설명하기 위해 동료를 보냈지만 황실예법에 따라 밟아야하는 절차를 몰라서 접수가 늦어졌다. 이미 덴노가 반란에 대한 소식을 듣고 26일 오후에 비공식 궁정회의를 열고 대책을 논의하던 중이었다. 회의가 끝난 뒤, 가와시마 육군대신 앞으로 덴노가 조서를 내렸는데, 이 조서를 입수한 반란군은 내용이 모호[24]하여 무슨 의미인지 도저히 해석할

---

23 당시 도쿄 인근 주둔 부대 중에 우츠노미야에 59연대가 있었는데, 영친왕이 연대장이었다. 영친왕은 이 명령을 받은 다음날인 2월 28일, 병력을 이끌고 반란 진압에 참여했다.

24 덴노의 조서는 그 뜻이 모호한 문어체로 이루어지는게 일반적이었다. 당시 내용은 다음과 같다.
一,蹶起ノ趣旨ニ就テハ天聴ニ達セラレアリ
二,諸子ノ真意ハ国体顕現ノ至情ニ基クモノト認ム
三,国体ノ真姿顕現ノ現況（弊風ヲモ含ム）ニ就テハ恐懼ニ堪ヘズ
四,各軍事参議官モ一致シテ右ノ趣旨ニヨリ邁進スルコトヲ申合セタリ
五,之以外ハ一ツニ大御心ニ俟ツ
하나, 궐기의 취지에 대한 일이 천청(왕의 귀)에 도달했다.
둘, 그대들의 진의는 국체(덴노)가 현현(직접 나와 수행)하길 진심으로 원한다고 생각된다.
셋, 국체가 진정한 모습으로 현현하여 현황(폐풍을 포함)하는 일을 공구(두려워 숨거나 하지 않고)

수가 없어 갈팡질팡하다 덴노가 자신들의 뜻을 이해해주었다고 믿고 근위사단 나머지 연대들에 협력을 요청하는 등 활동을 지속했다.

하지만 반란 동참을 요구받은 나머지 근위사단 연대에는 반란 진압을 위한 명령과 정식 명령계통을 따르라는 지시가 이미 내려와 있었으므로 반란군을 진압하기 위한 대열에 참여할 준비를 하던 중이었다.

이렇게 이시와라의 발 빠른 대처와 대담한 행동으로, 기습적으로 시작되었던 2.26 반란사건은 조기에 종결될 기틀을 잡았다. 이후에는 자신이 믿던 중신들이 살해당한 사실에 분노한 덴노의 반란군 진압명령과 동시에 반란 장병에 대한 원대복귀명령, 육군의 토벌명령이 연이어 내려가면서 반란군들은 3일 만에 항복하고 상황은 종결되었다.

반란이 끝났을 때, 히로히토는 "이시와라라는 자는 전에 명령을 어기고 만주 침략을 주도했던 사람인데, 이번에는 반란군들을 진압하는데 앞장을 서는 올바른 모습을 보였다. 참 알 수 없는 사람이다."라고 술회했다.

이시와라의 최전성기는 아마 2.26사건에서 반란 진압의 선두에 섰던 그날이었을 것이다.

본국의 상황이 정리되면서 진압에 대한 공적으로 전쟁지도과장으로 직위가 변경된 이시와라는 바쁜 일상을 보냈지만, 곧 관동군에서 심상찮은 보고서들이 올라오기 시작했다. 2.26사건으로 본국이 어수선한 사이에 관동군이 몰래 내몽고 분리공작을 진행하고 있었던 것이다. 이 바람에 현재 소강상태에 들어간 국민당의 중화민국군과 관동군 간에 벌어지던 분쟁이 다시 전면전으로 확대될 위험이 날로 커지고 있

하여 참지 않고,
넷, 각 군사참의원관의 뜻도 일치하고 오른쪽의 취지에 보다 앞장서 매진하여 합의하고,
다섯, 이것 이외에는 하나로 성려로 기대한다.

었다. 소장으로 진급하여 좀 더 책임 있는 명령을 내릴 수 있게 된 이시와라는 현 상태에서 중국과 전쟁이 확대되면 이미 대소전이 발발할지 모른다며 군비를 확충 중이던 관동군에 추가로 대량의 인력과 물자가 할애되어야 하지만, 본국에는 그럴만한 역량이 없다고 판단했다. 그래서 중국 현지에 전선확대 불가 방침을 세우고 추가로 전선이 확대될만한 행동은 하지 말라고 관동군 사령부에 요구했다.

하지만 관동군은 요지부동이었다.

아무래도 안 되겠다고 생각한 이시와라는 비행기를 타고 직접 현지 지도를 하러 나갔다. 이시와라는 회의실에 관동군 참모부원들을 모아 현 상황을 설명한 후, 육군 참모본부의 확대불가 방침을 다시 한 번 강조했다. 하지만 관동군 참모부원들의 표정이 심상치 않았다. 이시와라가 기대한 '알겠습니다.'라는 답변은 돌아오지 않았고, 대신 무토 아키라 대좌가 자리에서 일어나 미소를 지으며 이시와라에게 답했다.

"저희는 이시와라 각하께서 만주사변을 일으키실 때 보여주신 행동을 본받고 있습니다."

이 말을 하며 입가에 미소를 띄운 무토와 뒤에 모인 젊은 참모들이 짓고 있는 미소가 자신을 비웃고 있다는 사실에, 자신이 했던 일이 어떻게 돌아왔는지 깨달은 이시와라는 아무 말도 할 수 없었다.

본국으로 돌아와 참모본부의 제1부장 대리에서 제1부장으로 정식으로 착임한 이시와라는 자신의 생각, 즉 세계최종전쟁을 준비하기 위해서는 아직도 시간이 많이 필요하다는 점을 고려하여 확대불가 방침을 더 강경하게 요구하고 관동군에 들어가는 보급도 줄이자고 주장했다. 하지만 이미 일본 국민들부터가 전쟁에 긍정적이었고, 군산복합 대기업들의 지원을 받는 도조 히데키 일파는 전쟁을 일으키려는 마음을 굳히고 있었다. 더 이상 군 안에서 전쟁을 막는 일이 어렵다고 판단한 이시와라는 정치권에 승부수를 던졌다. 고노에 내각 총리대신과 카자미 아키라 내각서기관에게 중국 정부와 화친을 맺도록 주선하겠다는 요청을 보낸 것이다.

이시와라는 "고노에 총리대신께서 직접 난징에 가서 중국 국민당 정권의 수장 장제스와 회담을 열고 북중국의 일본군은 산해관 선까지 철수하며 전쟁은 하지 않겠다는 뜻을 밝히면서 동시에 일-중 상호협력을 위한 조약을 맺으십시오. 이 때 그 자리에는 참모본부에서 책임자로 제가 동행하여 군을 맡겠습니다."라는 요청했다. 아시아 전체가 단합해야 자신이 생각하는 세계최종전쟁에서 승리할 수 있다고 믿은 이시와라였기 때문에, 아시아 국가들과의 연합은 매우 중요한 문제였다.

하지만 고노에 내각총리대신도, 카자미 내각서기관도 일언지하에 거절했다. 그래도 이시와라는 포기하지 않았다. 이대로 전쟁이 벌어졌다가는 드넓은 중국 대륙에 일본군이 수렁처럼 빠져들어서 전선이 감당하지 못하리라고 판단했기 때문이다. 이시와라는 독일 대사 트라우트만이 몰래 진행하던 화평 공작에도 관여하여 어떻게든 전쟁을 막아보려 애썼지만 이런 노력은 결국 당시 관동군 참모장이었던 도조 히데키를 포함하여, 이제는 전쟁을 일으킬 생각만 가득했던 육군 수뇌부와 직접 대립하는 문제로 비화되었다. 이시와라를 눈엣가시로 여긴 참모본부는 37년 9월, 참모본부 개편을 이유로 이시와라를 관동군 참모부장으로 전출 보냈다. 외적으로는 상황이 악화되지 않도록 만주 전문가인 이시와라를 영전시켜 관동군으로 보낸다는 명목이었지만 사실상 좌천이었다. 게다가 이시와라의 직속상관이 바로 이시와라가 가장 경멸하는 도조 히데키였다는 점을 생각해보면, 악의가 눈에 보이는 수준이었다.

다시 관동군으로 돌아온 이시와라는 만주국을 바라보며 옛 생각에 잠겼었지만, 관동군 참모부 안에서 분위기는 예전과 전혀 달랐다. 예전에 선망의 눈으로 자신을 바라보던 참모들은 별로 없고, 그 자리를 차지한 현 참모들은 파벌 다툼을 하며 이시와라를 바라봤다. 하지만 그럼에도 이시와라는 자신의 뜻, 만주국을 동아시아의 훌륭한 나라로 운영하여 일본의 최대 동맹국으로 키우겠다는 생각을 포기하지 않았다. 그 생각은 당장 다음해부터 만주국 운영에 대한 문제를 놓고 벌어진 논의에서 참모장 도조와 격한 대립으로 이어졌다.

도조는 평범한 일본 본토와 관동군 장교들을 대변하듯, 만주국은 단지 일본의 꼭두각시 일뿐이며 최대한 병참기지로 활용하기 위해 쥐어짜야 한다고 주장했다. 그러기위해 겉보기에는 몰라도 내부는 완벽하게 일본인들이 쥐어 잡고 운영하려고 했다. 하지만 이시와라는 만주인 스스로 만주국을 운영해야하며, 그래야만 진정한 동맹자로 일본의 곁에 남으리라고 주장했다. 두 의견은 극단적으로 달랐기 때문에 마치 절벽의 양 옆에서 마주보는 꼴이었다. 이시와라는 이런 자신의 구상을 이해하지 못하고 마치 돼지를 키우다 잡아먹듯, 만주국을 운영하려는 도조를 "도조 상병"이라며 얼간이 취급했고, 사석에서 "헌병대 외에는 쓸데가 하나도 없는 계집 같은 놈"이라던가 "무능력자 주제에 장군인 척 한다"는 등 매도했다.

당연히 실권자였던 도조도 이런 사실을 잘 알고 있었다. 그렇잖아도 상관의 명령에는 절대복종하라고 가르치는 일본군 안에서 혼자서만 사사건건 위에다 자신의 견해를 직설적으로 표현하는 등 무례한 행동을 보이던 이시와라가 좋게 보일 리가 없었는데, 이제는 자신을 모욕하고 다닌다는 소리까지 듣자 도저히 참을 수가 없었다. 이 당시를 회상한 도조 히데키의 부관 니시우라 스스무 대좌는 "이시와라씨는 능력은 어찌되었건 항상 반항하기만하고 투서만 보내는데다, 그런 걸 뛰어넘어서 무례하기 짝이 없다. 군인이면서 술도 마시지 않고 술자리에서도 차가운 눈으로 주변을 깔아보기만 하니 당연히 미움받을 수밖에 없다"고 술회했다. 이렇게 점점 참모장과 참모부장의 사이는 호전될 여지조차 없어졌다.

결국 38년, 부임한지 1년 만에 그사이 육군차관으로 승진한 도조에 의해 관동군 참모부장에서 해임당한 이시와라는 본국으로 돌아가 마이즈루 요새 사령관으로 보직을 받았다. 군산복합체들로부터 지원을 받던 도조의 파벌은 어느 사이에 육군의 중추세력이 되어, 이시와라는 더 이상 육군에 발붙일 곳이 없다는 생각이 들 정도였다. 마이즈루로 떠나기 전, 군에서 한계를 느낀 이시와라는 자신을 따르던 사람들을 포함하여 이른바 진정한 왕도 정치와 오족협화를 믿는다고 생각한 사람들과 함께 동아연맹을 창설했다.

마이즈루에서 이시와라는 동아연맹에 대한 일 외에는 연대장 때 했던 일처럼 병사들의 생활을 증진시키고 요새의 방위능력 향상을 위해 노력하며 보냈다. 그런데 다음해인 39년, 요새의 보수문제로 잠시 자리를 비운 이시와라에게 중장 진급과 16사단 사령부로 보직이 이동되었다는 통지가 날아왔다. 보통 명령은 사령관이 자리에 있을 때 온다는 점을 생각해 볼 때, 요즘으로 치면 출장 다녀왔는데 책상이 치워져있는 상황이 벌어진 거나 다름없는 상황이었다. 이런 비상식적인 명령은 이시와라를 미워한 도조의 뒷공작으로 다들 짐작했다. 하지만 진급했지만 한직이라는 사실이 명확하여 누가 봐도 좌천당한 이시와라는 이런 수모를 겪었는데도 명령에 따랐다.

16사단장이 된 이시와라는 연대장 때와 다름없이 병사들을 위하며 허례허식을 줄이고 전투력을 강화하기 위해 훈련하는데 집중했다.

특히 육군기념일에 벌어지는 열병식과 분열행사 준비 때 그런 이시와라의 진면모가 드러났다. 일본 육군은 육군기념일이 되면 약 3시간에 걸쳐 열병식과 분열행진을 하여 군기가 높고 위엄 있음을 보여주는 일을 자랑삼아 했는데, 당연한 일이지만 그런 행사를 하는 병사들은 피로가 쌓이고 힘들기만 하지, 정작 전투에는 전혀 도움이 되지 않는 일이었다. 훈련시간까지 행사를 준비하는데 쏟아 부어야 했기 때문이다. 그래도 행사가 끝나면 외출도 나갈 수 있다고 생각해서 병사들은 힘들어도 참곤 했다.

그런데, 정작 이시와라는 육군기념일까지 행사 준비를 전혀 하지 않았다. 이전에 해보았으니 괜찮다는 말에 참모와 예하부대장들은 당황했지만 행사 당일보다는 당황하지 않았다. 육군기념일 날, 평소처럼 몇 시간에 걸친 행사를 예상하고 장사꾼들과 시민들이 모인 가운데, 16사단의 열병식이 시작되었다. 부대가 정렬한 가운데, 이시와라는 말을 끌고 와서는 행사를 진행하는 지휘관도 말에 타게 하여 함께 부대들 앞을 천천히 달리며 하나하나 사열했다. 그렇게 한 바퀴를 돌고 사단장의 위치에 서서, "해산!"이라고 외치고 부대원들을 모두 돌려보냈다.

3시간짜리 행사가 5분 만에 끝나자 장교들과 지역 주민들은 모두 황당해서 어이없었지만, 병사들은 복귀하여 바로 외출할 수 있도록 이시와라가 조치했다는 사실을 알고 있었으므로 뛸 듯이 기뻐했다.

태평양 전쟁이 발발하기 9개월 전인 41년 3월에, 이시와라는 갑자기 현역에서 물러나 예비역에 편입된다는 통지를 받았다. 16사단의 장병들은 안타까워했지만, 이시와라는 홀가분한 표정으로 평소처럼 출근하여 평소처럼 떠났다.

이런 이시와라에게 새로운 기회가 왔다. 현역에서 물러난 지 한 달 만에 리츠메이칸 대학 총장 나카가와 코쥬로가 리츠메이칸 대학에 국방학 강좌를 신설할 계획인데, 여기서 강의를 맡아달라고 초청해 온 것이다. 나카가와 총장은 일본의 지식인들이 서양에 비해 군사학 지식이 빈약하여 전략적인 판단이나 통솔 능력이 떨어진다고 생각했다. 그래서 정치학이나 경제학을 가르치려면 군사학 강좌도 필요하다고 믿었다. 하지만 이시와라는 자신이 이미 도조를 포함한 수뇌부들에게 미움 받는 사실을 잘 알고 있었으므로, 강좌를 맡기 전에 먼저 나카가와 총장에게 이해를 구했다. "총장님, 나는 대학에 받아들이면 위에서 압력이 들어올 수도 있는데 괜찮겠습니까?" 총장은 그 말에 웃으며, "그렇더라도 적임자는 이시와라 장군뿐입니다."라고 답했다. 이시와라는 그날 바로 대학 군사학 강좌를 맡기로 결정했다.

1941년에 작성된 '리츠메이칸 대학 요람'을 읽어보면 군사학 강좌에 대해 이런 내용이 있다는 점에서 나카가와 총장이 뜻한바가 무엇인지 주목할 만하다. "국방과학은 군인의 것이라는 생각은 구시대적인 관념이다. 이런 구시대적 관념을 청산하고, 국민 모두가 국방지식을 얻는 일이야말로 급선무이다." 리츠메이칸 대학은 이런 요람에 맞게 국방이론, 전쟁사, 국방경제론 등의 강좌를 개설하고 이 모두를 총괄하는 국방과학 연구소를 설치했다. 이시와라는 단순한 강사가 아니라 바로 이 연구소의 소장을 겸하는 자리를 받았다. 이시와라가 국방과학 연구소를 맡았을 때, 함께 교육을 시작한 사람으로는 사카이 코우지 중장, 이토 마사노스케 소장, 사토미 키시오 등, 당시 각 분야별로 유명한 사람들이 함께했다. 여기서 이시와라는 주 1~2회 군사학 강의를 했으며 가끔 승마부 학생들의 과외공부를 봐주기도 하면서 남는 시간은 독서를 하며 보냈다.

하지만 도조는 이런 이시와라를 편하게 두지 않았다. 교육부에 압력을 넣고 대학교 근처에는 특수고등경찰과 헌병까지 풀어서 이시와라를 감시했다. 이시와라의 강의내용은 물론, 심지어 집에 방문하는 사람들까지 일일이 헌병대 본부에 보고되고 있었다. 하지만 재미있게도, 이시와라의 사람을 놀라게 하는 통찰력과 매력은 이때도 그대로였는지, 감시하라고 보낸 헌병과 특수고등경찰들이 장군이었던 이시와라에게 먼저 인사를 하러 갔다가 온화한 태도로 자신들을 대해주며 대화를 나누는 이시와라에게 한 번 놀라고, 대화를 나누다 뛰어난 통찰력에 감탄해 존경하게 되어버리는 바람에 정작 도조에게 올라가는 보고서의 내용은 아무 문제없는 평범한 내용만 들어가는 사태가 벌어져버렸다.

결국 도조는 이시와라에게 압력을 넣는 일을 포기하고, 대신 대학에 직접 압력을 넣었다. 즉, 괴롭히는 대상을 이시와라의 강의를 듣는 학생이나 함께 일하는 강사, 그리고 나카가와 총장으로 바꿨다. 자신 때문에 다른 사람들이 어려움을 겪는 모습을 보기 싫었던 이시와라는 총장에게 사임하겠다는 뜻을 강하게 밀어붙였다. 처음에는 거절하던 총장은 안타까워하면서 사임을 받아들였다. 이시와라가 떠나던 날, 송별회에서 총장과 동료 강사들은 이시와라가 떠나는 것을 진심으로 아쉬워하며 떠나보냈다.

1966년에 터질 세계최종전쟁을 철저히 준비해야 한다고 주장하던 이시와라는 자신이 생각한 날보다 25년이나 먼저 전쟁을 준비하는 군부를 보고 평론가 활동을 시작했다. 특히 도조를 위시한 육군이 중국 내륙에 대한 침략을 본격화하는 상황에서 해군마저 석유를 확보하기 위해서는 동남아시아를 반드시 영유해야 된다고 주장하기 시작하자 "기름이 탐난다고 전쟁을 시작하는 놈이 어디에 있는가!"라며 강력하게 반발하는 사설을 싣고 정부에 항의 투서를 보내기까지 했으나 다 허사였다.

평론가로 활동하던 이시와라가 정부에 건의한 내용은 정확히 알려져 있지 않지만, 일본이 미국의 최후통첩으로 취급한 미국의 헐 노트와 유사한 내용이었다고 한다. 즉, 중국과 평화를 유지하고 서구열강과 평등한 관계를 추구하되, 이권에 대해서는 통상조약을 체결하여 민간 차원에서 협력을 강화하는 형태였다는 말이다. 즉, 이시와라는 최후 평화를 위한 최종전쟁을 준비하기 위한 일시적으로 기만적인 평화일지라도 반드시 평화를 이루어야 한다고 여전히 믿은 듯하다.

과달카날 전투에서 해군 대좌로 임무를 수행하던 타카마츠노미야 노부히토 친왕이 이시와라에게 방문하여 "어떻게 하면 이 전쟁에서 이길 수 있는가?"라고 묻자, 이시와라는 "먼저 과달카날에서 철수하고 솔로몬 제도 및 비스마르크 제도, 뉴기니를 포기하게 하십시오. 그런 다음 사이판과 티니안 섬, 그리고 괌을 요새화하고 우리군의 공세 종말점 및 동남아시아 해상수송로를 견고하게 붙잡고 있으면 지지는 않을 겁니다." 라고 답했다. 하지만 그 의견도 받아들여지지 않았다. 또한 독일이 소련과 전쟁을 시작하자 이시와라는 41년 10월, "독일은 서부전선과는 전혀 지형이 다른 발칸반도에서 서부전선과 똑같은 전법으로 공격했다. 그리고 동부전선에서도 변함없이 동일한 전법으로 대처하고 있으니 그래가지고는 드넓은 국토를 가진 소련을 상대로 절대 이길 리 없다."고 단언했다.

이때부터 동아연맹에 대한 이시와라의 활동은 더욱 많아졌다. 특히 이시와라는 평론가 활동을 하면서 동시에 자신이 이끌던 동아연맹을 중심으로 "지금이야말로 일본이 중국인에 대해 지금까지 했던 가혹한 행동들을 사과하고 중화민국에서 즉시 철군하여 동아시아 각국이 연계를 해야 할 때다."라고 주장하면서 중국 동아연맹 지도자 미야오 핑을 통해 중-일 평화를 되살릴 길을 모색했지만, 내각총리대신 시게미츠 마모루와 외무대신 요나이 미츠마사가 반대하여 시도도 제대로 못하고 실패했다.

그러자 이시와라는 자신이 집필한 '세계최종전쟁론'을 근거로 동아연맹을 구상해야 한다고 주장하기 시작했다. 이 내용은 매우 파격적으로, 일본-만주-중국이 정치적으로 독립하고, 조선에 조선인들이 주도하는 자치정부를 수립하도록 하여 하나의 주체로 다시 세우고 서로 공동체를 이루어 연합하면서 경제와 국방은 마치 한나라처럼 행사하는 연맹을 결성하면 서구를 상대로도 지지 않는 대국이 될 수 있다는 주장이었다. 이 주장은 전후 일본에서 전쟁에 대한 책임과 반성으로 소멸될 위기에 있던 일본 우익에 민족과 평화를 기치로 내세우는 새로운 사상적 기반으로 영향을 끼쳤다.

이렇게 열심히 정치활동과 전쟁에 대한 활동을 하던 이시와라의 노력은 전쟁의 광기에 빠진 일본에서도, 이미 침략당해 고통 받던 중국과 식민지 조선에서 일부 이상주의자들을 제외하면 전혀 먹혀들지 않았지만, 이시와라는 위축되지 않았다.

하지만 전쟁이 막바지에 이르던 44년, 언제나 승리했다는 대본영의 발표가 나오는데도 삶은 점점 피폐해지고 있는 상황에 사람들이 의아해하던 그 때, 물 밑에서 하나의 계획이 준비되고 있었다. 바로 44년 6월, 유도가 우시지마 마츠쿠마와 육군 츠노다 도모시게 소좌가 준비한 도조 히데키를 직접 암살하는 계획이었다. 이 두 사람은 동아연맹에서 이시와라 간지에게 가르침을 받던 사이였다.

전쟁에서 패하고 있다는 진실을 대본영에 와서야 알게 된 츠노다 소좌가 우시지마와 논의한 끝에 함께 나라를 구하겠다는 결의를 한 것이 계기였다. 두 사람은 덴노에게 무능한 도조 내각을 사퇴시키고 연합군과 강화해달라는 번의서를 쓰고, 만약 받아들어지지 않으면 도조를 암살하겠다는 계획을 세웠다. 그러면서 이 계획을 평소 존경하던 이시와라에게 알리고, 찬성을 받길 바랐다. 시골에서 조용히 저술활동에 열중하던 이시와라는 자신의 밑에서 수학하던 두 사람의 방문을 환영했지만, 도조 암살도 할 수 있다고 씌어있는 내용을 읽고는 고민했다. 이시와라는 자신을 믿고 와준 두 사람에게 다음날 아침, 두 사람이 보여준 헌정서 말미에 '찬성한다'라고 적어서 돌려주었다.

이시와라의 찬성을 얻은 두 사람은 기뻐하며 번의서를 올리려 했지만, 암살계획에 부담을 느낀 황족들은 번의서 제출을 회피했다. 결국 바로 암살을 하기로 했다. 실행은 우시지마가 하고, 도조의 동선은 츠노다가 파악하기로 하여 실행을 눈앞에 두었을 때, 도조 내각이 전쟁에서 패하고 있는데 책임을 지고 총사퇴해버렸다. 암살계획은 허공에 떠버렸지만, 어디서 정보가 샜는지 두 사람은 체포당했다.

증거물에 쓰여 있던 이시와라의 '찬성한다.'라는 글귀 때문에, 이시와라도 소환 당했다. 증거불충분으로 처벌은 받지 않았지만 감시는 더욱 강화되었다. 그러나 곧 일본이 패망했다.

이시와라는 사실상 전쟁이 끝난[25] 45년 8월 15일, 황족 주도로 새로 조직된 히가시쿠니노미야 내각의 일원인 고노에 전 내각총리대신과 오가타 타케토라가 군사고문으로 취임해달라고 요청해왔지만, 거절했다. GHQ[26]가 임무를 수행할 준비를 하는 동안 유지되던 내각은 2개월 만에 해산했다. 연합국은 일본의 전쟁범죄를 심판하고자 극동군사재판소를 설치하였는데, 만주침략도 전범재판의 대상이었지만 이시와라는 도조와 대립하고 암살계획에 연루되었던 일이 유리하게

---

25 실제 전쟁 종결일은 항복문서가 정식으로 조인된 1945년 9월 2일로 본다.

26 연합군 최고사령관 총사령부(General Head Quarters)의 약자로 일본을 점령한 연합국이 일본을 무장해제하고 새로운 정부를 세울 때까지 분할하여 통치하기 위해 설치한 기관. 최고사령관은 맥아더 원수가 맡았다.

작용해 재판부가 전범으로 지목하지 않았다. 물론 태평양 전쟁 때나, 전쟁이 끝난 이후에도 정치와 군에 직접 관여하지 않고 쇼나이의 서산 농장에서 동지들과 조용히 공동생활을 보낸 덕도 있었다.

하지만 이시와라는 여전히 자신을 따르던 동아연맹을 통해 맥아더와 트루먼을 비판했다. 그러면서 자신이 예견했던 1966년보다 25년이나 빨리 미국과 전쟁이 났기 때문에 이제는 사실상 가치를 잃어버린 '세계최종전쟁론'도 내용을 수정하여, "일본은 헌법 제 9조를 중시하며 몸에 무기로 불릴만한 조그마한 쇳조각 하나 지니지 말고 양대 강대국으로 부상한 미국과 소련 사이에서 언제 발생할지 모르는 분쟁을 방지하여 최종전쟁이 일어나는 일 없이 세계가 하나가 되도록 노력해야한다."고 주장하기 시작했다. 그러면서 동아시아의 변화하는 정세에 대해서는 대아시아주의 관점에서 "우리들은 중국을 지배하게 되는 세력이 국민당이나 공산당 중 누가 되더라도 항상 중국과 협력하여 동아시아적 지도원리를 확립하기 위해 노력해야 한다."고 주장했다.

전쟁 막바지부터 점차 병이 깊어지던 이시와라는 46년 1월 치료를 받기 위해 도쿄로 돌아와 제국대학병원에 입원했다가, 체신병원으로 옮겼다. 3월에 극동군사재판에서 이시와라의 전범 혐의에 대해 확인하고 도조 히데키에 대한 증언을 확보하려는 목적으로 병상의 이시와라에게 출장검사를 보냈다. 검사가 포로를 심문하듯 고압적인 자세로 말하자 이시와라는 평소 도조나 혐오하는 일본군 장성들을 대하듯 분노한 표정을 감추지 않고 항의했다. 검사와 동석했던 미국 기자 마크 케인은 이 때 이시와라를 회상하면서 "단호한 눈빛이었다. 좀처럼 눈도 깜박이지 않으며 꿰뚫는 듯 우리를 지켜보는 눈"이었다고 말했다.

이시와라는 심문이 끝나고, 전범 명단에서 제외되었다는 사실을 확인하고는 곧 퇴원했지만, 병이 호전되어 퇴원한 것은 아니었다. 조용히 야마가타 현 아쿠미 군의 타카세 마을로 이사한 이시와라는 다시 지역 병원에 입원하여 수술을 받았지만, 상태가 호전되지 않아 백신을 지속적으로 투여받았다.

우선 전범이 아니라 증인으로 채택된 이시와라를 심문하기 위해 야마가타 현에 사카타 출장 법정이 특별히 개설되었다. 이시와라는 법정에서 증언하기에 앞서, 중국 충칭 통신특파원으로 현지에 도착한 기자로부터 취재를 받았는데, 여기서 기자가 "만주국의 운영은 만주인이라고 했지만 사실은 일본인들이 통제한 괴뢰정권 아닙니까?"라고 묻자, 괴로운 표정으로 "내가 마음에 그리던 이상향으로 만들기 위해 착수했던 만주국 건국이 나와 같은 이상향에 대한 뜻을 품지 않은 다른 일본인들에 의해 근본적으로 짓밟혔다. 그 때문에 내가 만주에 살던 중국인들에게 했던 약속을 배신하는 결과를 내고 말았다. 그런 의미에서 나는 당연히 전쟁범죄자라고 할 수 있다. 독립에 협력해주었던 중국인들에게 진심으로 사죄하며, 우리와 함께 만주국을 이상향으로 만드려 노력했던 이들에 대해서 중국정부도 이해해주길 바란다."고 답했다.

극동군사재판에서 이 출장 법정의 과정을 기록한 '이시와라 간지 심문록'에 의하면 이시와라는 만주침략을 한 이유에 대해, "중국군의 계속된 도발과 폭거를 격퇴하기 위해 혼조 관동군 사령관이 명령하여 시작한 반격"이라고 주장하며 만주국 건국은 사전에 준비한 시나리오에 따라 연출되지 않았느냐는 질문에는 "만주 건국은 군사적인 견해와는 다르다. 중국 동북지역에서 발생한 새로운 정치혁명의 산물로 중국 군벌이 붕괴한 자리에서 건국되었다. 우리가 만주를 공격한 이유가 만주국 건국을 위함이라는 말은 사실이 아니다."라고 답변하여 만주 침략과 만주국 건국이 별개라는 주장을 견지했다. 이시와라의 주장을 완전히 인정하지는 않았지만, 그래도 역시 전범으로는 기소하지 않았다. 이는 1955년에

재판정을 오가는 이시와라 간지(1946)

만주 침략이 이시와라와 이타가키의 조작에 의해 벌어진 일이라는 당시 관동군 참모 하나야 타다시의 증언이 담긴 수기가 나오기 전까지는 기소할 만한 다른 증거가 별로 남아있지 않았던 탓이 크다. 일설에서는 이시와라가 자신을 전범으로 지목해야한다고 당당히 말했다고 하는데, 그 말은 실제 재판 기록을 근거로 볼 때 사실과 다르다.

이시와라는 전범으로 기소되는 대신, 도조 히데키의 전쟁범죄에 대한 증언자로 남았다. 남은 재판과정에서 "왜 도조와 불화하게 되었는가?"라는 질문을 받자, 이시와라는 "나는 작지만 사상을 가지고 있다. 하지만 도조는 사상은커녕 생각 자체가 없는 인간이다. 그래서 대립은 성립하지도 않았다."라며 도조의 무능에 대해 성토하고, 그 외에 법원에서 도조와 군산복합체의 연계, 군부독재에 대한 질문에는 성실하게 답했다.

다만 이 출장법정에서 자신의 행위에 대한 변명을 늘어놓은 이시와라의 답변 중에 알아주는 괴짜답게 독특한 답변을 한 기록이 있다. 만주 침략까지 거슬러 올라가서 전범을 결정하는 판사를 향해 이시와라가 묻고 답한 내용이었다. 여기서 이시와라는 "당신들이 말하는 전범은 역사를 어느 정도 거슬러 올라가 책임을 묻고자 하는 겁니까?"라는 질문에 판사는 "대략 청-일, 러-일 전쟁에 소급하는 정도가 될 듯하다."며 가볍게 답하자, 이시와라는 "그럼 페리 제독을 저승에서 데려와서 이 법정에서 재판하면 되겠소. 원래 일본은 쇄국하던 나라라서 조선도 만주도 필요로 하지 않았는데, 약탈적인 제국주의를 가르쳐준 사람들은 바로 쇄국하던 문을 뜯고 들어온 페리와 미국이 아니던가?"라고 답했다. 재치 있어 보이는 궤변으로, 병석에 누워 증인 심문을 받아도 이시와라는 결국 이시와라였다.

다음해, 이시와라는 신정부에 의해 군국주의자로 단죄되어 공식적으로 모든 공직에서 추방되는 처분을 받았다. 애초에 군과 정부의 모든 지위를 내려놓은 데다 병석에 누워있던 이시와라에게는 큰 문제가 아니었다. 병세는 날로 악화되어갔고, 옆에는 동아연맹에서 사사했던 사람들과 동생인 로쿠로가 남아 간병했다. 간병하던 사람들이 밤을 새가며 자신을 돌보려하자 "부탁이니 잠을 자고 오게. 나를 위해 다른 사람들을 무리하게 하는 일은 싫구만."이라고 말하며 쉬도록 배려했다. 이시와라는 그동안의 저작들을 동생에게 맡겼다.

그리고 그 다음해를 지나 49년 봄에 이르자 급격히 병세가 악화되기 시작했다. 폐렴이 악화되어 호흡이 곤란해졌고, 폐부종에 방광암까지 발병했다. 주변 사람들도 이시와라의 생명의 촛불이 점차 마지막을 향해 타들어가기 시작했다는 사실을 직감하기 시작했다. 이 무렵 이시와라가 서산 농장에서 마지막 때를 보내는 중이라는 소식이 퍼지자 옛 부하들이 하나 둘, 병수발을 들겠다며 찾아 왔다. 가장 고통스러운 때에도 이시와라는 자신을 수발하는 사람들에 대한 배려를 잊지 않았다. 7월에 요코하마에서 온 이시와라의 부대원이었던 병사는, "각하께서는 부드러운 표정을 짓고 온화한 말투로 '더울테니 옷을 편하게 벗고 있어도 괜찮다네.' 라고 말씀하셨지요. 제가 이시와라 각하를 모실 때는 이등병에 불과했는데 말입니다."라고 회상했다. 마침내 49년 8월 15일, 이시와라는 종전일로부터 4년 만에 만 60세를 일기로 세상을 떠났다.

장례 이후 이시와라가 남긴 기록과 저작물은 동생 로쿠로가 76년에 사망할 때까지 정리하며 일생을 보냈다. 그 양은 로쿠로가 20여년에 걸쳐 정리해야했을 정도로 방대했다. 이시와라가 자신의 꿈을 쫓으며 사는 동안 이시와라 가문을 이끌던 로쿠로는 어쩌면 평생을 형의 그림자를 따르며 살았다고 볼 수 있겠다.

이렇게 이시와라는 자신의 꿈과 이상을 쫓다 세상을 떠났다. 지금 우리가 보기에는 망상에 빠져 자기 자신과 그릇된 신앙을 믿으며 평생을 보낸 이시와라가 어리석게 보이기도 한다. 하지만 자신의 망상을 이루기 위해 평생을 다 바친 삶은 수많은 사람들에게 영감을 남겼다. 전쟁범죄자로 단죄된 많은 일본군 장성들이 지금 무능하고 어리석다고 비난받고 있는데 반해, 이시와라의 주장은 종전 후 사회전반에 영향을 끼치고 있는 일본 보수파들의 사상적 기반을 마련했다. 어쩌면 전쟁이 끝난 후 사라졌어야 할 군국주의자들이 보수파라는 옷으로 갈아입고 살아남았기에 독버섯처럼 현재의 일본 넷우익들이 자라났다고 불 수도 있다. 지금 우리는 이 책을 읽으며 한 이상주의자의 허황된 꿈이 어떤 결과를 낳았으며, 지금도 어떻게 영향을 끼치고 있는지 냉정하게 다시 생각해볼 필요가 있다.

주 참고문헌

- 아베 히로유키, '이시와라 간지 - 생애와 시대', 호세대학 출판국, 2005년 8월[27]
- 후지무라 아키코, '이시와라 간지 - 사랑과 최종전쟁론', 고단샤, 2007년 9월[28]
- 오쿠다 고이치로, '사단장 이시와라 간지', 부용서적출판, 1984년[29]

보조문헌과 참고자료[30]

- 마츠자와 테츠나리, '이시와라 간지와 세계최종전쟁론', '사회과학연구, 제22권 4호', 1971년 1월.
- 혼조 히로노부, '비상시 육군을 이끄는 사람들', 보급사, 1936년(일본 국회도서관 전자등록자료)
- 이시와라 타카시, '간지와의 추억', 협화신문, 1961년
- 아오에 슌지로, '이시와라 간지', 요미우리 신문, 1992년.
- 테라사키 히데나리, '쇼와덴노 독백록', 문예춘추, 1995년 7월.
- 이마오카 유타카, '이시와라 간지의 비극', 부용서적출판, 1999년 7월.
- 오카타 케이스케, '오카다 세이스케 회고록', 중공문고, 2001년 9월
- 이시이 타케모치, '일본인의 기술력은 어디에서 왔는가?', PHP연구소, 1997년 10월.
- '만주 제국 - 북방에서 사라지다. 왕도낙원의 전모', 학연 '역사군상 시리즈 84', 2006년 3월.

---

27 이시와라 간지의 전 생애를 가장 상세하게 다루고 있는 문헌으로, 이시와라의 군 생활 및 교우관계 등 일반사적 부분은 대부분 이 책의 내용을 참조했다.

28 이시와라와 부인 테이 사이에 오간 편지가 수록되어 있어, 가정사적 부분은 이 책을 참조하였다.

29 이시와라의 사단장 시절 행적들을 모은 책으로, 부하들과 참모들이 이시와라에 대해 말한 사연이 다수 수록되어있다.

30 아래 참고문헌에서 이시와라 간지에 대한 부분은 '이시와라 장군 현창회'에서 발췌하여 추모관에서 제공하고 있는 자료에 근거한다. 발췌자료지만 해당 사료들의 원 출처도 여기에 기입한다.)

- 사지 요시히코, '이시와라 간지 - 천재 전략가의 초상', 경제계, 2001년 10월.
- 타케다 쿠니타로, 스가와라 카즈토라, '영구평화론의 선구자 - 이시와라 간지', 동청사, 1996년 2월.
- 다나카 히데오, '이시와라 간지, 시대정신의 구현자', 부용서적출판, 2008년 6월.
- 고마츠 시게로, '육군의 이단아 이시하라 간지 - 도조 히데키에 반대한 귀재의 생애', 조수서적광인사, 2012년 9월.
- 다나카 히데오, '이시와라 간지와 오자와 카이사쿠 - 민족협화를 바라다', 부용서적출판, 2008년 6월
- 츠노다 타다시게, '대본영 참모가 밝히는 도조 히데키 암살계획의 전모', 카와데문고, 1991년 8월.
- 하야세 토시유키, '이시와라 간지의 국가 개조계획 - 숨겨졌던 만주 비망록의 전모', 광인사NF문고, 2010년 6월.
- 후쿠이 유우조, '이타가키 세이시로와 이시와라 간지', PHP연구소, 2009년 4월.
- 후쿠다 카즈야, '이시와라 간지와 쇼와의 꿈', 문예춘추, 2001년 9월.
- 별책보물섬편집부, 이시와라 간지 - 만주국을 만든 남자', 보물섬SUGOI문고, 2008년 7월.
- 역사독본 편집부, '이시와라 간지와 만주제국', 신인물문고, 2010년 2월.
- 요시 야스히로, '도조 히데키 암살의 여름', 신조문고, 1989년 7월.
- 마스다 토시나리, '기무라 마사히코는 왜 역도산을 죽이지 않았는가', 신조사, 2011년 9월.
- 이시와라 현창회, '이시와라 장군 묘소 일기', 이시와라 현창회 운영.
- 다큐멘터리 '장군 이시와라 - 전쟁의 방아쇠를 당긴 남자는 누구인가?', SUBREAL Produciton(프랑스), 2012년.

다나카 지가쿠
(田中 智學, 1861. 12. 14~1939. 11. 17)

[보론]

이시와라 간지와 현대일본문화

선정우

이시와라 간지와 다나카 지가쿠

이 책은 「세계최종전론」이란 제목으로 1940년 9월 10일 리쓰메이칸(立命館) 출판부에서 초판 간행된 88페이지 짜리 소책자로 처음 출판되었다. 1940년 5월 29일 밤 교토에서 당시 교토 제 16사단장이던 저자 이사와라 간지가 개최한 「인류의 전사(前史)가 끝나려 한다」는 제목의 강연을 했는데, 리쓰메이칸 대학 교수 다나카 나오요시(田中直吉)가 강연 내용의 필기를 정리하여 출판했다. 이 책은 그 후 「전쟁사 대관」과 「전쟁사 대관의 유래기」 등의 부분을 추가하여 여러 버전으로 출간되었다. 이 책은 그 중에서 「전쟁사 대관」을 제외하고 「세계최종전론」과 그 질의응답만을 수록한 추코문고(中公文庫)판을 저본으로 삼아 번역·정리하였다. 본 판본은 저자 이시와라 간지의 막내동생 이시와라 로쿠로(石原六郎)가 정리한 것인데, 당초 '세계최종전쟁'으로 부르던 제목을 이시와라 간지 본인이 '세계'를 빼고 '최종전쟁'으로 결정했다고 되어 있다. 그러므로 이 책에서도 본문에서는 전부 '최종전쟁'으로 정리했다. 그밖에도 몇 가지 이시와라 간지가 집필한 내용에 대해 정리·수정한 부분이 있다고 한다.

또한, 이시와라 로쿠로는 이 판본에서 이시와라 간지가 사용한 몇몇 용어에 대해 해설을 달아놓았다. 예를 들어 2015년 3월 16일 일본 의회에서 자민당 의원이 질의하는 바람에(*47 주38 참조) 최근 갑작스럽게 최근 다시 화제가 된, 소위 '팔굉일우(八紘一宇)' 같은 단어에 대해서이다. 이시와라 로쿠로는 이 단어를 '이시와라 간지에게 신앙 부분에 대한 스승이었던 다나카 지가쿠'가 만든 조어라고 하면서, 어디까지나 일본 건국의 이상을 나타낸 단어였고 당초에는 '도의에 따라 세계를 통일한다는 이상의 표현'이었다고 설명했다. 또한 이시와라 간지가 본문에서도 자주 사용했던 '통제', '통제주의'에 대해서도, 나치스의 '전체주의'와 구분하기 위해 이시와라 간지가 새롭게 의미를 부여한 단어라고 말했다. 이시와라 간지는 '사회의 지도 이념'이 '전제'에서 '자유'로, 그리고 지금은 '통제'로 바뀌었다고 생각했다는 것인데, 여기에서 말하는 '통제'란 '전제'와 '자유'를 종합 발전시킨 것으로서 말하자면 사회학 용어인 '지양(止揚)'에 해당하는 단어라고 말한다. 이시와라 로쿠로에 따르면, 이 '통제'라는 단어의 의미를 '관료 통제'라고 할 때의 '통제'와 헷갈릴 수 있기 때문에 이시와라 간지 본인도 적절한 용어가 있다면 수정할 의사를 품고 있었다고 말한다.

하지만 애시당초 '팔굉일우'란 조어를 만든, '이시와라 간지에게 신앙 부분에 대한 스승이었던' 다나카 지가쿠의 사상에도 한국의 입장에선 의구심을 가질 만한 부분이 존재한다. 예를 들어 이런 부분이다.

특히 마지막의 '침략적 태도'라고 하는 말은, 일련종 교단이 취해 온 섭수주의[1]를 버리고, 니치렌(일련, 1222~1282)의 기본자세로 보이는 절복주의(折伏主義)를 위함을 의미했다. (중략) 그러나 침략적 태도에 대해서는 '종교 및 세간의 여러 사사유사(邪思惟邪) 건립을 타파하여' 「법화경」의 '이교(理敎)'로 '인류의 사상과 목적을 통일한다'는 것으로 하고, 이를 위해 '통일의 기축'인 '국가에 도의 가르침을 원동력으로 하는 교지(敎旨)'가 필요하다고 말한다.

그 결과,

일본국은 올바르게 국내를 영적으로 통일해야만 하는 천직을 지닌

1 攝受主義, 상대를 교화하는 방법으로써 선한 면이 있는 자를 살려 받아들이는 것.

다. 법은 일본이냐 일본이 아니냐를 불문하지만, 교는 특히 일본을 인정하지 않으면 안 된다. 일본으로 하여금 천하세계를 통일시키지 않으면 안 된다. 일본을 종국에는 영원히 우주 인류의 영적 대 진영(鎭營)으로 하지 않으면 안 된다.

라고 하여 일본 중심으로 세계 통일을 논하는 데마저 이르고 있다. 말하자면 다나카의 개혁론은 단지 일련종의 문제에만 머무르지 않고 「법화경」의 정신에 바탕한 일본 국가를 이상으로 하여 그 이상을 실제화할 수 있는 일본에 의해 세계 통일을 목표로 한다는 말인데 극도의 일본주의, 국가주의를 내포하고 있는 말이었다.[2]

이시와라 간지에게 영향을 미친 다나카 지가쿠의 사상은, 일본식 불교 '니치렌종(일련종)'의 정신을 일본 국가의 이상으로 삼는다는 말에 그 요체가 있다고 할 수 있다. 그렇다면 다나카 지가쿠는 어떤 인물일까? 메이지 시대의 불교신자 다나카 지가쿠(田中智學, 1861~1939)는 1870년 일련종에 입문하였고 1875년 도쿄에 있는 일련종 최고학부 일련종 대교원(大敎院)에 입학했다. 하지만 앞의 책에 따르면 '섭수(攝受)주의적인 타협적 경향의 대교원 교육에 만족하지 못해' 대교원을 떠났고 1879년 19세의 나이에 환속했다고 한다. 그리고 1880년 요코하마에서 '연화회(蓮花會)'를 일으켜 일련주의(日蓮主義)를 제창했고, 1885년 교토에서 입정안국회(立正安國會)를 창설하여 복고적인 '일련 정신'을 주창했다고 한다. 특히 이 시점에 그가 저술한 「종문지유신(宗門之維新)」·「본화섭절론(本化攝折論)」 등에서 '침략적 태도를 갖고 법화경적(法華經的) 국가건설을 이상으로

2 「일본 불교사 근대」, 카시와하라 유센(柏原祐泉) 지음, 원영상·윤기엽·조승미 옮김, 동국대학교 출판부, 2008년

한 강한 국가주의적 사상을 전개'(앞의 책)했다는데, 예를 들어 「본화섭절론」에는 이런 대목이 나온다고 한다.

'왕민일치 거국일승(王民一致 擧國一乘)'의 그날을 달성하려고 하는 대이상적 성국(盛國)은, 국가의 행동으로 일어나는 실행적 절복으로 이것은 본종개현(本宗開顯)의 국가관이다. ……'민주주의'라든가, '사회주의'라든가 하는 등의 유치하고 미개한 사상이 자못 신지식인 것처럼 취급되는 세상이 아닌가. ……그러나 이들의 소장기복(消長起伏)은 허깨비의 세계, 꿈의 세계의 나폴레옹과 더불어 모두 미혹된 세계의 시비(是非)이다.[3]

다나카 지가쿠는 1914년 국주회(國柱會)를 설립했고, 1923년에는 정당 입헌양정회(立憲養正會)를 조직해 이듬해 중의원선거에 입후보했다가 낙선하기도 하는 등 본격적인 정치 활동을 진행했다. 국주회에 대해서는 '일련주의적인 국체관(國體觀)의 보급'을 목적으로 하였고 소위 '15년 전쟁' 시대(*50페이지 주40 참조)를 통해 '일본 중심적 세계관의 전개에 커다란 영향을 끼쳤다'(앞의 책)고 알려져 있다. 특히 '1919년 3월 이후 조선 전역에서 일어난 민족독립운동(3.1운동)이 기독교와의 관계가 깊다고 보도되자, 다나카는 기독교는 일본 국체(國體)와 상용되지 않기 때문에 국내 포교를 엄금시켜야 한다'거나, 1920년 시베리아에 출병한 일본군과 거류민이 사망한 니코(尼港) 사건에 대해 '과거에 유례가 없는 치욕으로 삼고, 그 치욕을 설욕하는 길은 '반(反) 질서의 관념' 즉 서양문명을 깨뜨리고, '질서의 사상' 곧 '일본 군신도(君臣

3 「일본 불교사 근대」에서 재인용

道)'로써 세계를 감화하는데 있다'(앞의 책)고 다나카가 말했다는 부분은 상당히 인상적이다. 「일본 불교사 근대」는 「근대 일련교단의 사상가(近代日蓮教團の思想家)」(총서 일본근대와 종교2)에 실린 나카노 교토쿠(中濃教篤)4(주1)의 문장을 인용하여, 다나카 지가쿠의 사상을 이런 식으로 정리했다.

다나카의 사상은 1932년의 혈맹단사건(血盟團事件)이나 5.15사건에 관여한 이노우에 닛쇼(井上日召) 등에 영향을 미쳤지만, 궁극적으로는 일본 파시즘의 아시아 침략에 적극적으로 가담하는 역할을 완수하는 것으로 끝났다.[5]

말하자면 다나카 지가쿠는 '일본식 불교'에 '내셔널리즘'을 결합시켰다고 할 수 있다는 말이다. 이에 관해 「미완의 파시즘: 근대 일본의 군국주의 전쟁 철학은 어떻게 만들어졌는가」라는 책에서는 '「법화경」과 말법 사상과 일본주의의 삼위일체'가 다나카 지가쿠 사상의 요체라고 지적하고 있다. 그렇다면 이와 같은 다나카 지가쿠의 사상이 어떤 식으로 이시와라 간지로 이어질까? 우선 다나카 지가쿠가 일본이란 국가를 어떤 식으로 생각했는지를 살펴볼 필요가 있다.

일본의 문명이라는 것은 실질이 없다고 해도 좋으며, 일본은 문명을 만드는 나라가 아니라 세계의 문명을 정리하는 국가다, 통일의 대능(大

---

4 나카노 교토쿠(中濃教篤), 1924~2003년. 일본 일련종의 승려이자 정치·사회 운동가. 인도차이나 해방 전쟁에 공감하여 아시아 불교도 회의 등에 참가. 저서 「중국 공산당의 종교정책: 변모하는 중국종교」(1958), 「덴노제 국가와 식민지 전도」(1976) 등. 편저서 「창가학회에 대한 교학적 비판」(1964) 등.

5 「일본 불교사 근대」 인용.

能)으로 세상에 선 나라이기 때문에, 구구한 자기의 문명을 만들지 않더라도 세계 만국의 문명을 받아들이고, 그리고 거기에 국체(國體)의 정수를 덧붙이고 갑과 을 사이의 조화도 능판(能判, 잘 판단함)의 힘 아래로 끌어오기 때문에, 삼한(三韓)의 문명도 중국의 문명도 인도의 문명도 서양의 문명도, 모두가 다 일본에 와서 일종의 일본화를 겪은 뒤에 동서남북의 각 장점들이 적절하게 서로 손잡은 결과이다.

일본은 그 자체로서는 아무것도 아니라고 지가쿠는 말한다. 개성 제로의 내용 없는 나라이면서, 단순한 장소일 뿐이었다. 주체가 없다. 주어가 없다. 그렇다고 안 된다는 말도 아니다. 자기가 없는 일본만이 동서고금의 만물을 무한하게 포용하고 융합시켜서, 궁극적인 지상 천국, 세계 문명의 최종 완성태를 만들어낼 수 있다고 주장한다. 지가쿠에 따르면 세계에서 그 정도까지 자기가 없는 나라는 일본뿐이다. 그런 의미에서 일본 유일론, 일본 절대론인 것이다. (중략)

지가쿠에 의하면, 일본인에게 창조성이라 할 정도의 것은 없다. 이해하고 비평하고 모방하고 소화하고 정리하는 것뿐이다. (중략) 하지만 지가쿠는 소극성이야말로 궁극의 적극성이라고 가치 부여를 역전시킨다. 일본인은 (중략) 세계 여러 민족의 다양한 인정과 그들의 틈 사이에 보이는 진리 같은 것과 정을 같이 나눌 수 있다. 그것도 수용가능한 한정된 대상만은 아니다. 거의 대부분 뭐든지 다할 수 있다.무한포용이다. (중략)

그리고 세계사의 상황은 그런 일본을 점점 더 필요로 하고 있다고 지가쿠는 생각한다. 왜냐하면 세계 문명을 견인해온 것으로 여겨지던 서양 열강이 근대의 모순이 쌓이고 쌓인 끝에 결국 발발한 1차대전에 의

해 점점 더 막다른 곳으로 내몰리고 있는 모습처럼 보이기 때문이다.[6]

일본은 무언가를 창조해내지는 못하지만, 다른 곳에서 창조한 것을 가져와 좀 더 좋은 것으로 개조하는 것에 능하다는 식의 '일본론'은 오래 전부터 한국에서도 (일본을 비하하는 목적으로) 자주 일컬어지던 이야기다. 그런데 사실 그런 일본론은 일본에서 먼저 만들어졌던 것이다. 그것도 "사실 일본이 뭔가를 개발한 적이 있나? 기껏해봐야 남이 만든 것을 갖다가 좀 더 편리하게 바꾼 정도 아니겠나"라는 식의 비하 목적이 아니라, 오히려 일본에는 자체적인 문명이 없기 때문에 세계 모든 곳의 문명을 도합시킬 수 있고 각 문명의 장점을 무한하게 포용할 수 있는, '일본화'가 가능하다는 식의 발상이었던 것이다. 즉 '일본을 중심으로 한 세계화'인 것이다. 게다가 다나카 지가쿠는 그런 '일본 중심의 세계화'가, '장래 반드시 일어날 큰 전쟁' 이후에 일본이 세계 평화를 위한 사명을 띠게 되면서 이루어지게 될 것이라고 예측하였다. 바로 여기에서 이시와라 간지는 이 책에서 다룬 '세계최종전쟁론'을 정리하게 된 것으로 여겨진다.

그런데 지가쿠가 말하는 세계 여러 문명의 통일, 지상 낙원의 실현은 어떻게 해야 달성할 수 있을까. 종교적·문화적·사상적 운동에 의해서 평화적으로 추진될 수 있을까. 아니면 어떤 다른 외교나 경제 프로그램에 따라 일본을 중심으로 세계연방이나 무언가를 만들어야 한다는 것인가. 그런 측면도 있을 것이다. 하지만 그것만은 아니다. 전쟁의 가능성을 배제할 수 없다.

---

6 「미완의 파시즘: 근대 일본의 군국주의 전쟁 철학은 어떻게 만들어졌는가」(가타야마 모리히데 지음, 김석근 옮김, 가림기획, 2008년)에서 인용

일본은 개성이 부족하지만 종합해서 세공은 잘 한다. 단순히 그 정도 이야기라면 지가쿠의 사상은 '화혼양재(和魂洋才)'라든가 '절충을 잘 해낸다' 같은, 메이지부터 오늘날에 이르기까지 쏟아져나온 일본 문화론과 별 차이가 없다. 하지만 다르다. 덴노 주체의 세계 통일국가 수립을 지향한다. 세계의 말법적 혼란 사태를 구제할 수 있는 방법은 달리 없다. 그러기 위해서는 군사력도 중요하다. 세계 통일을 위한 최종 전쟁에서 일본이 승리하지 않으면 안 된다. 또는 싸우지 않고서 압도적 무력에 의해 세계를 평복(平伏, 납작하게 엎드림)시키지 않으면 안 된다. 이야기는 그 방면으로 확장된다. 세계 정복을 기도하는 위험한 침략 사상처럼 보이기도 한다.

지가쿠는 큰 소리로 이렇게 말한다.

장래에 한번은 반드시 전 세계를 흔드는 큰 전란이 올 것이며, 각국은 모두 그것에 지긋지긋해서, 참된 평화를 요구하게 되는 때가 와서 막이 열리게 될 것이다. 그때야말로 진작부터 평화를 위해서 세워져 있던 일본이 자연스레 '최후 평화의 사명'으로 등장해서, 세계의 갈앙(渴仰, 목마른 자들이 물 찾듯이 우러러 봄) 하에 그 매듭을 짓지 않으면 안 되는 임무를 맡게 된다. (중략)

세계는 그 자체의 자위(自衛) 작용으로 반발·혼란의 번뇌를 견디지 못하고 자연히 결말 지어지기를 바라게 된다. 거기까지 가는 순서로, 지나야 할 굴곡도, 걸어야 할 험로도, 지날 만큼 지나고 걸을 만큼 걸어서 더 이상 갈 곳이 없게 되면, 그러면 그것을 어떻게 할 것인가 하면, 누가 생각하더라도 '싸움을 그만두라'고 할 수밖에 없는 것이다. 그때 그 싸움을 영원히 맡아서 관리하는 자가 필요하게 된다. 그것을 맡아서 관리해야 할 자는 세계의 모든 나라가 이의없는 곳을 차지 않으면 안 된다. 그 나라가 어디일까. 세계 평화의 솔선자! 세계 문명의 정리자! 세계에서 가장 오래된 귀족 가문! 세계에 다시 없는 덕교가(德教家, 덕을 가르치는 집안!) 이들을 구비하고 있는 나라는 일본 이외에는 없지 않은가. (중략)

일본 이외의 세계 나라들이 각각의 가능성을 다 보여주고 쥐어짜고 게다가 자신을 계속 확장해서 서로에게 상처를 주어 서로가 피폐해진 곳에 일본이 '큰 무력'을 배경으로 세계에 '큰 평화'를 실현한다. 말법적 상황에서 일거에 유토피아를 낳는다. 역사의 운명이다. 1차 대전이 끝난 후, 몇 십 년 후에 그런 기회가 찾아올 것이다. 그것은 2차 대전이나 어떤 다른 거대한 전쟁 형태를 띠게 될지도 모른다.

보다시피 이시와라 간지의 「세계최종전쟁론」은 다나카 지가쿠의 사상에서 크게 영향을 받았음을 알 수 있다. 불교의 법화경을 중시하는 일본식 불교인 일련종, 그 일련종의 신자였던 다나카 지가쿠의 사상이 전쟁 당시 일본 군부에, 그리고 전후 일본 사상계에도 영향을 많이 미쳤다는 것이다. 일본의 불교가 어떤 식으로 제2차 세계대전과 관련이 있었는지에 관해서는, 일본 불교에 귀의하고 정식 승려가 된 미국의 종교학 교수가 쓴 「불교 파시즘」(브라이언 다이젠 빅토리아 지음, 박광순 옮김, 교양인, 2013년) 등의 책을 참고할 수 있을 것이다. 브라이언 다이젠 빅토리아는 1997년의 저서 「전쟁과 선(禪)」 및 2003년에 쓴 「불교 파시즘(Zen War Stories)」을 통해 일본에서 불교가 군국주의에 동원되었던 역사를 보여주었는데, 이런 관점이 국내에서 주목받고 있는 학자 슬라보예 지젝이나 저널리스트 크리스토퍼 히친스에게도 영향을 미쳤다고도 한다.

그리고 이런 일련주의와 다나카 지가쿠의 사상은 현대 일본에도 면면히 이어지고 있다. 예를 들어 일본의 사상가 기타 잇키(北一輝)

(1883~1937년)는 1936년 일어난 2.26사건의 이론적 지도자라 하여 체포된 후 사형당했는데, 그는 23세 때에 「국체론 및 순정 사회주의」라는 저서를 써서 '덴노 제도'에 대해 강력한 비판을 하여 발매 금지를 당했다. 일본어 위키피디아에 따르면 2.26사건의 청년 장교들이 그가 주장한 '국가 개조'에 감화되어 쿠데타 기도를 했다고 하여, 직접 사건에 관여한 것도 아니고 심지어 민간인임에도 비공개 군법회의를 통한 항소심 불가의 1심제 하에서 사형 판결을 받았다. 그리고 판결 후 5일 만에 총살당했다고 하니, 당시 제국주의 하의 일본에서 덴노 제도에 대한 비판이 얼마나 강력한 처벌을 받을 수 있는지를 알 수 있는 사례라고 할 수 있을 듯하다.

이 기타 잇키에 크게 감화되었던 사람이 쇼와 일본 정계의 흑막으로 유명한 기시 노부스케(1896~1987년)다. 만주국에서 '만주산업개발 5개년 계획'을 이끌었고, 태평양전쟁 개전 당시 중요 관직에 있었기에 극동군사재판에서 A급 전범으로 붙잡혔으나 불기소로 풀려난 인물로서, 1957~1960년까지 전후 일본의 총리를 맡았다. 특히 한국에 있어서 중요한 것은 기시 노부스케가 박정희 정부에 대해 상당히 우호적인 태도를 취해 소위 '만주 인맥'이라 불리며 일본 '친한파'의 거두로 자리잡았던 일이다. 1950년대 말이라고 하면 한일국교 정상화 회담이 이어지던 때인데(외교관계 수립은 1965년), 당시 총리를 맡고 있던 기시가 중요한 역할을 했을 것임은 미루어 짐작하기 어렵지 않다. 특히 한일국교 정상화가 이루어진 이후인 1969년 창립된 '한일협력위원회' 초대 회장 역시도 기시 노부스케가 맡았다. 한국일보 2015년 4월 27일자에 따르면, 이 조직은 1957년 대만의 장제스 정권과 함께 만든 일화(日華)협력위원회를 모델로 했다고 한다. 이 기시 노부스케는 현 아베 신조 총리의 외할아버지인데, 아베 신조가 총리에 취임하기 전까지 친한파로 알려져 있던 것도 이런 연유에서인 셈이다. 아베 신조의 집안은 일본 야마구치 지역, 즉 에도 시대 조슈 번 출신이다. 조슈 번은 요시다 쇼인(吉田松陰)에서 이토 히로부미를 거쳐 소위 '황도파'로 이어지는 파벌을 낳은 지역이다.

요시다 쇼인(1830~1859년)은 일본 우익 사상의 근원이라고 일컬어지는 인물로, 아베 신조가 가장 존경한다고 손꼽기도 했다. 그는 존황양이(덴노를 받들고 서양을 배척한다)를 주장하며 홋카이도 개척, 류큐(현재의 오키나와)의 속령화, 조선의 속국화(소위 '정한론' 주장), 만주와 대만 및 필리핀의 영유화를 주장했다. 일본만화 중에서 국내에서도 인기가 높은 「은혼」에서는 그를 모델로 한 '요시다 쇼요'란 인물이 주인공을 비롯한 몇몇 캐릭터들의 '훌륭한 스승'으로서 등장한다. 「은혼」만이 아니라 일본만화나 애니메이션에서는 근대를 배경으로 한 작품이 종종 등장하는데, 이처럼 실존 인물을 그리면 한국에서는 어떻게 받아들여야 할지 곤란하게 느끼는 사람들이 적지 않아 항상 논란이 일곤 한다. 하지만 이런 것들이 그저 '우익인가 아닌가'라는 차원의 논쟁으로 치환되는 것은 현상을 왜소화시키는 결과를 낳는다. 그보다는 해당 인물이나 그 인물이 가졌던 사상이 어떤 내용이었는지를 직접 살펴보는 계기가 되었으면 하는 생각에, 이 책을 번역하기로 한 것이기도 하다.

이시와라 간지의 사상과 일본의 서브컬처

「일본 불교사 근대」는 이시와라 간지에 대해 이렇게 서술한다.

다음에 키타 잇키(北一輝, III장 2절 참조)와 함께 일련주의에 기초

하면서 일본중심적인 아시아 지배구상의 실현을 노렸던 이시와라 간지(石原莞爾, 1889~1949)에 대해 언급해 보고자 한다.

말법의 세상에 일염부제(一閻浮提, 인간세계)에 전대미문의 대투쟁이 일어나고, 그 그 결과 일천사해(一天四海)가 묘법에 돌아가 법화경(法華經)의 진리로 세계가 통일되리라고 하는 니치렌(日蓮)의 「찬시초(撰時抄)」의 이야기에 암시를 받아 독자의 세계최종전쟁론(世界最終戰爭論)을 구상하였다. (중략)

이시와라는 1928년 10월, 관동군참모의 작전주임이 되었는데, 마침내 여기서 그 세계최종전쟁론의 구체화를 지향하고, 그 서전으로서 관동군 고급참모 이타가키 세이시로(板垣征四郞), 육군성 군사과장 나가타 테츠잔(永田鐵山) 등과 모의하여 1931년 '만주사변(滿州事變)'을 일으키며 만주국을 설립시켰다. 그래서 이후는 도래할 세계 최종전쟁에 대비하고, 동아연맹(東亞聯盟)의 설립을 칭하며 중일협력(中日協力)·민족협화(民族協和)를 설파하고 부전(不戰), 제휴의 군사정책을 강조했다. (중략)

이시와라는 이 사이 1939년 9월 '동아연맹협회(東亞聯盟協會)'를 설립하고, 또 쇼와유신론(昭和維新論)을 주장하며 중일 제휴에 의한 구체화를 논했다. 그것은 만주국을 발판으로 하고 소비에트, 러시아에게 대항하기 위한 것으로서 참 인류애적인 중일평화론(中日平和論)에 기초한 것은 아니었고, 일본중심의 침략적 구상에 있어서는 도조(東條)와 같은 확대침략파와 다르지 않았다.[7]

이시와라 간지의 '세계최종전쟁론'과 그 바탕이 된 다나카 지가

7 戸頃重基, 「近代社会と日蓮主義」, 148쪽의 내용, 「일본 불교사 근대」에서 재인용하였다.

쿠의 사상이 일본 파시즘의 원류 중 하나가 아닌가 하는 의견이 많다는 것은 앞서 살펴본 바와 같다. 그렇다면 오늘날 한국에서 그 이시와라 간지와 다나카 지가쿠의 사상을 알아두어야 하는 이유가 무엇인가? 라는 의문이 있을 수 있겠다. 특히 역자는 지금까지의 경력을 주로 서브컬처 분야, 즉 만화나 애니메이션에서 쌓아온 인물이다. 그런 역자가 뜬금없이 일본의 파시즘이나 제2차 세계대전에 관련된 이 책을 번역한 이유는 또 무엇인지 약간 설명이 필요할 것 같다. 우선 역자는 서브컬처를 포함하여 일본의 문화 안에, 이시와라 간지나 그 원류에 해당하는 다나카 지가쿠의 영향력이 느껴지는 부분이 발견되지 않나 생각하고 있다.

우선, 이시와라 간지는 별달리 설득력 있는 논증도 없이 갑작스레 멀지 않은 장래에 '최종전쟁'이 일어난다고 이 책에서 말한다(이시와라 본인은 나름대로 논증을 했다고 생각하는 듯하지만, 본시 '논증'이란 그런 것이 아니라고 본다). 또 실제로도 태평양전쟁이 벌어지면서 이 책에서 예측한 미·일 간의 전쟁이 일어났고, 비행기의 발달이라든지 원자폭탄의 개발·사용 등 이 책의 내용을 방불케 하는 일들이 현실에서 일어났다는 사실은 분명하다. 하지만 현실에서는 '최종 전쟁'이라 할만큼의 마지막 전쟁이 되진 못했다. 이 책을 읽어보아도 이시와라 간지가 예측한 전쟁이 '최종 전쟁'이 된다는 근거에 대해서는 모호할 뿐이다. 그럼에도 이 책은 일본인들에게 분명히 어떤 영감을 주었고, 그 상상력의 원천이 전후(戰後) 일본의 서브컬처에도 동일하게 흐르고 있지 않은가 생각한다는 말이다. 예를 들어 일본의 서브컬처 작품 중에는 어떠한 형태의 최종 전쟁이라든지 세계의 종말, 혹은 '지구 전체가 통일된' 세계 정부가 등장할 때가 잦다. 특히 개인적인 일이 세계의 종말로 바로

이어지는 형태의 작품, 소위 '세카이계(セカイ系)'라는 장르도 등장했는데, 물론 세카이계 작품이 이시와라 간지나 '세계최종전쟁론'의 직접적인 영향아래 있다고 말하고 싶지는 않지만, 그 상상력의 원천에 유사점이 있다고 볼 수 있지 않을까 생각한다. 실제로 일본 서브컬처의 직접적 영향을 받았다고 하는 옴진리교(1995년 도쿄 지하철 사린가스 테러 사건을 일으켰던)도, 이시와라 간지 식의 세계 종말론을 논했다는 점에서 역시나 '원천의 유사성'을 느끼지 않을 수가 없다.

게다가 실제로는 「세계최종전쟁론」 등과는 전혀 상관없어 보이는 작품에도 이런 문장이 등장하는 점이 일본 서브컬처의 특징 중 하나로서 지적할 수 있지 않은가 생각된다.

"다시 말해 세상은 통일된 힘에 의지해서는 안 된다는 거예요. 어떠한 힘이든 종래엔 파멸을 향해 폭주해버리니까. 마법의 힘을 극대화하려다가 고대 왕국이 멸망한 것처럼 말이죠. 때문에 후안의 이상과 벨드의 야망, 모두 위험합니다. 두 사람이 싸우다가 힘이 쇠하면 세상은 빛과 어둠 어느 쪽으로도 기울지 않겠죠. 세계는 항상 균형을 유지해야 해요. 그렇지 않으면 종래에는 돌이킬 수 없는 파멸로 치달으니까. 하지만 저울이 균형을 그대로 유지하는 건 어차피 불가능한 일. 그렇다면 저울을 흔들어보면 어떨까요? 한순간 분명 저울은 어느 한쪽으로 기울어 있겠죠. 하지만 장기적으로 보면 저울은 균형을 잡은 것이라 볼 수 있을 거예요. 내가 끊임없이 역사에 개입해서 저울을 흔드는 이유는 모두 궁극적으로 로도스를 위한 길이라 믿기 때문입니다. 빛의 율법을 신앙하는 후안의 힘. 어둠에 따라 파괴로 귀결되는 벨드의 힘. 후안과 벨드, 어느 한쪽이 패권을 틀어쥔다면 로도스는 분명 단결된 힘 아래 안정을 되찾겠죠. 하지만 그 안정은 껍데기에 불과해요. 언젠가 그 안정이 무너지면 신들의 마지막 싸움을 연상케 할 정도의 철저한 파괴와 함께 문명이 붕괴해버리겠죠.[8]

물론 종말론 그 자체는 전세계 어디에나 존재하고 있고, 1997년 미국의 '헤븐스 게이트' 사건 등과 같이 혜성이나 다른 거대한 자연 현상을 종말론으로 갖다 붙이려는 시도는 많이 있었다. 하지만 일본에서의 그것은 불교적인 면이 많고, 어딘지 모르게 서브컬처적인 느낌이 든다는 점이다. 예를 들어 이 책에서는 이런 부분이 전형적이다.

세계 인류에 있어 정말 오랜 기간 공통적인 동경의 대상이었던 세계 통알, 영원한 평화를 달성하기 위해서는 되도록이면 전쟁과 같은 난폭하고 잔인한 짓을 하지 않고 칼에 피묻히지 않은 채로, 그런 시대가 도래하기를 바라마지 않고 있다. (중략) 우리들이 생각하는 전쟁은, 전인류의 영원한 평화를 실현시키기 위해 어쩔 수 없이 치러야만 하는 큰 희생이다.

우리가 만약 유럽이나 미주 지역과 결승전을 하게 되더라도, 결단코 그들을 증오하거나 그들과 이해 관계를 다투는 것이 아니다. 무시무시한 잔학 행위가 일어나겠지만 근본적인 정신은 무술대회에서 양쪽 선수가 나와 열심히 싸우는 것과 마찬가지이다. 인류 문명의 귀착점은 우리들이 전 능력을 발휘하여 올바르게 정정당당히 다툼으로써 신의 심판을 받는 것이다.

---

8 「로도스도 전기」 1권, 미즈노 료 지음, 김윤수 옮김, 들녘, 2012년(2013년 중판)에서 인용.

동양인, 특히 일본인으로서는 끊임없이 이 정신을 똑바로 가지고, 적어도 적을 모욕하거나 증오하는 일은 절대로 해서는 안 된다. 적을 충분히 존경하고 경의를 품고서 당당히 싸우지 않으면 안 된다.

어느 사람이 이렇게 말한다. 당신 말은 진짜인 것 같다. 진짜인 것 같으니 너무 널리 퍼뜨리지 말라. 그렇게 퍼뜨리면 상대편도 준비를 하게 될 테니 몰래 진행시키라고. 그래서야 동아의 남자, 일본 남자가 아니다. 동방도의(東方道義)가 아니다. 결단코 황도(皇道)가 아니다. 좋다, 준비하려면 해라. 상대편도 충분히 준비를 하고, 이쪽도 준비를 해서 당당하게 싸우지 않으면 안 된다. 나는 그렇게 생각한다.[9]

정정당당하다느니, 최후의 선수권이라느니, 신의 심판이라느니, 전쟁을 무슨 스포츠 시합처럼 생각하는 것 같지 않은가? 지금 시대의 우리로서는 읽으면서 실소를 금치 못할 수준이지만, 이시와라 간지 자신은 정말 진심으로 이렇게 생각한 듯하다. 군인으로서 실제 전쟁을 겪고서도 이런 사고방식을 유지할 수 있다는 것이 잘 이해가 가지 않지만…. 하물며 단순히 자국 우월주의인 것만도 아니다. 일본인은 정정당당해야 하고, 적에게도 경의를 품고 싸워야 한다는, 말 그대로의 '사무라이 정신'이다. 문제는 그런 '사무라이 정신'을 전체 일본인이 정말 모두가 다 동의하고 실천에 옮길 수 있다면 모를까, 식민지를 겪은 한국의 입장에서는 이런 '황도' 운운이 이상만 높지 실제로는 실천할 수가 없는 뜬구름잡는 소리라는 것은 너무나도 잘 알고 있지 않은가. 그런데 그 말 자체는 좋은 뜻이고 훌륭한 이상이니, 그 말이나 이상에 무작정 반대하긴 어렵다. 팔굉일우나 '전 인류의 영원한 평화'

---

9 「세계최종전쟁론」 1부 6장

나 단어 그 자체로는 당연히 전부 다 좋은 말 아니겠는가. 그런 명분을 내세운다면 누구라도 반대하기가 어렵다. 하지만 실제로 그런 일들이 실천되긴 어려운데도 억지로 이상론만을 붙들고 있다 보면 결국 어딘가에서 모순이 생길 수밖에 없다는 이야기다. 일본에 있어서 그 모순이 극치에 달했던 기간이 만주사변으로부터 태평양전쟁까지를 일컫는 소위 '15년 전쟁' 아닌가 한다.

이런 이상론을 떠받들고, 현실론을 가지고 이상론에 반론을 펼치는 것을 뭔가 지저분한 뒷거래처럼 생각하는 것. 인간의 삶에서 그런 방향성이 가장 강력하게 발현되는 것은 아무래도 소위 질풍노도의 시기, 즉 '사춘기'라는 시기일 것이다. 그러고보면 본래 아동을 대상으로 했던 문화인 만화와 애니메이션 분야를, '청소년 대상'으로 끌어올린 나라가 바로 일본 아닌가. 일본만화나 애니메이션의 특징으로 일컬어지는 것이 바로 '애들만 보는 것이 아니라 청소년 이상도 볼 수 있다'는 점이라는 것은 세계적으로도 인정받는 특징이다. 이상론으로 가득한 「세계최종전쟁론」과 이상론을 끝까지 밀어붙였던 일본 군부. 그리고 현실에 굴복하는 것을 '어른의 사정'이라 부르며 반발하고 이상에 빠져드는 사춘기의 청소년들. 그 청소년기에 가장 선호하게 된다는 일본만화와 애니메이션의 특성. 시청자들의 감정이입을 쉽게 하기 위해서라곤 해도, 일본 애니메이션에선 '전쟁'에 나서는 로봇의 탑승자가 대개 바로 그 사춘기 청소년이라는 사실은 왠지 아이러니컬하게도 보인다. 말하자면 「세계최종전쟁론」의 이시와라 간지나 당시의 우국충정어린 일본 군부, '나라를 위하여' 목숨을 바치라는 것에 순진하게 그대로 따랐던 당시의 일본 젊은이들과 국민들, 이 모두가 '어른이 되지 못한', 아니 '어른이 되는 것을 거부한' 결과라고 할 수 있지 않은가 생각한다.

오쓰카 에이지는 「이야기 체조」(북바이북, 2014년)에서 일본 문학의 특징으로 '빌둥스로망(성장소설)의 부재'를 들었다. 등장인물이 스스로 자아실현, 즉 '성장'(=어른이 된다는 것)을 하는 모습을 그리는 것이 바로 빌둥스로망(Bildungsroman)인데, 원래 독일에서 시민사회가 성립하고 계몽주의가 유포되면서 괴테의 소설 「빌헬름 마이스터의 수업시대」(1796년)를 필두로 하여 이런 종류의 소설이 유행했다는 것이다. 헤르만 헤세 「데미안」, 토마스 만 「마의 산」 등이 빌둥스로망에 해당되는 작품이다. 오쓰카 에이지는 일본문학에는 그런 '성장소설'의 전통이 없고, 그런 특징이 '사소설(私小說)'로 대표되는 일본적 문학으로 이어진 것이라고 「이야기 체조」나 「캐릭터 메이커」(북바이북, 2014년)에서 설명했다. 반대로 오쓰카 에이지는 자신이 일본에서 만화나 애니메이션 분야의 평론가로 여겨지고는 있지만 실제로는 그다지 개별 작품이나 작가에 대해 비평을 잘 하지 않는다고 2012년 역자와의 인터뷰에서 말한 바 있는데(「오쓰카 에이지: 순문학의 죽음·오타쿠·스토리텔링을 말하다」, 북바이북, 2015년), 그러면서 유일하게 '비평을 통해 맞서지 않으면 안 될' 가치가 있는 작품은 지브리 애니메이션과 「신세기 에반겔리온」, 그리고 신카이 마코토(新海誠) 작품 정도라고 언급했다. 이들 작품에는 '성장'이 그려져 있다는 말인데, 그렇게 생각하다 보면 앞서 언급한 '빌둥스로망'의 대표작 중 하나인 토마스 만 「마의 산」이 실은 미야자키 하야오의 마지막 장편 애니메이션 「바람이 분다(風立ちぬ)」로 이어진다는 점은 주목할 만 하다. 「바람이 분다」에는 일본이 만주와 중국을 공격하

지만 다 잊었고 독일과 일본은 파멸을 향해 가고 있다는 발언을 하는 독일인 카스토르프란 인물이 등장하는데, 이는 「마의 산」 주인공 한스 카스토르프와 똑같은 이름이라는 것이다. 오쓰카 에이지는 미야자키 감독이 「센과 치히로의 행방불명」 등을 통해 보여준 인물의 '성장'(「스토리 메이커」(북바이북, 2014년) 등의 책에서 설명된 '갔다가 돌아오는 이야기', 즉 캐릭터가 통과의례를 통해 아이에서 어른으로 성장한다는 것)이, 다른 일본 문학이나 서브컬처 작품에서 잘 찾아볼 수 없는 것이었고 그렇기 때문에 자신은 지브리 애니메이션을 평가한다는 식으로 설명했다. 그런 미야자키 감독의 작품에 빌둥스로망(성장소설)의 대표격인 토마스 만 「마의 산」이 등장한다는 것은 자연스러운 일이라고 할 수 있겠다.

미야자와 겐지와 이시와라 간지

일본 문화의 원천 중에 「세계최종전쟁론」과도 이어지는 '성장에 대한 거부'적인 측면이 있다는 역자의 의문이 일견 너무 과장된 것 아닌가 생각할 수도 있다. 하지만 일본 문학을 대표하는 동화작가 미야자와 겐지가 다나카 지가쿠, 나아가서는 이시와라 간지와도 연결점이 있다는 것을 고려하면 그런 생각이 완전히 얼토당토 않은 것만은 아니라고 생각될 것이다. 앞서 언급했던 「미완의 파시즘: 근대 일본의 군국주의 전쟁 철학은 어떻게 만들어졌는가」에는 미야자와 겐지가 다나카 지가쿠가 만든 고쿠추카이(国柱会)에 입회했던 사실이 밝혀져 있다.

「은하철도의 밤」과 「법화경」

(중략)

타이타닉 호 침몰 사고의 희생자로 짐작되는 청년과 여자 아이와 조반니 사이에 약간의 종교 논쟁이 전개되고 있다. 그러면 작가 미야자와 겐지는 어느 쪽 편을 들고 있을까. 조반니 편일 것이라고 일본 근대문학 연구자인 우에다 데쓰(上田哲)는 「미야자와 겐지, 그 이상세계에로의 도정(宮沢賢治 その理想世界への道程)」(1985)에서 말하고 있다. 게다가 조반니에게 "여기서 천상보다 더 좋은 곳을 만들어야 한다"고 가르쳐준 '나의 선생님'에는 겐지의 선생님이라 부를 만한 다나카 지가쿠(田中智学)의 그림자가 어른거린다고 지적하기도 한다.

다나카 지가쿠는 어떤 사람이며, 어떤 사상을 가진 사람일까? 미야자와 가문의 종교는 정토진종이며 아버지는 열렬한 문도였다. 겐지도 불교에 친근하게 자랐다. 하지만 아버지에 대한 반발도 있었는지, 같은 가마쿠라 불교에서도 신란의 정토진종과는 많은 부분에서 용납될 수 없는 니치렌 계열의 사상에 이끌려 버렸다. 말할 것도 없이 니치렌은 서력 2세기까지 성립했다고 전해지는 중요한 경전 「묘법연화경」(줄여서 「법화경」)을 유일절대화하고 다른 경전은 인정하지 않고 '나무묘법연화경(南無妙法蓮華経)'이라 외친 사람이다. 겐지도 「법화경」에 몰두했는데, 거기서 길잡이 역할을 한 것이 다나카 지가쿠가 쓴 니치렌과 「법화경」 해설서였다. 1920년 가을에 겐지는 지가쿠가 이끄는 니치렌주의 계열의 신흥종교단체인 고쿠추카이(国柱会)에 가입한다. 모리오카 고등농림학교를 졸업한 다음다음 해였다. 1차대전이 끝난 다음다음 해이기도 하다. 24살 되던 해이다. 같은 해 12월 2일자로 친구 호사카 가나이에게 보낸 편지에는 이렇게 적고 있다.

이번에 저는 고쿠추카이 신행부(信行部)에 입회했습니다. 즉 이제 저의 신명은 니치렌 성인의 것입니다. 따라서 지금 저는 다나카 지가쿠 선생의 명령 속에 있는 것입니다.

고쿠추카이 회원 제도는 협의원, 연구원, 신행원으로 나뉘어 있었다. 협의원은 고쿠추카이의 취지에 찬성하고 지원하는 회원, 연구원은 「법화경」과 니치렌주의를 학습하는 회원, 신행원은 고쿠추카이에 절대 충성을 맹세하고 열렬하게 활동하는 회원이다. 겐지는 이들 중에서 갑작스레 신행원이 되었던 것이다. 또한 겐지의 친구로 겐지의 권유를 받아 고쿠추카이 회원이 되기도 한 세키 도쿠야는 "그는 다나카 지가쿠 씨의 저서를 모조리 독파했다."고 증언하고 있다. (중략)

그 대목의 진실은 분명하지 않지만, 아무튼 그 만남은 일본문학사에서 커다란 사건이 되었다. 겐지는 지요의 지침을 받아들여 열성적으로 동화를 썼다. 지요의 한 마디가 없었더라면 「첼로 켜는 고슈」도, 「바람의 마타사부로」도, 「은하철도의 밤」도 태어나지 못했을지 모른다.[10]

이시와라 간지는 1920년 4월, 미야자와 겐지보다 조금 일찍 똑같은 신행원으로서 고쿠추카이에 입회했다. 「미완의 파시즘」에는 이시와라에 대해

"천상(天上) 같은 곳에는 굳이 안 가도 돼. 우리가 여기서 천상보다 더 좋은 곳을 만들어야 한다고 나의 선생님은 말씀하셨어."라는 겐지의 말을 땅에서 행하도록, 세계의 최종 전쟁에 승리해서 '팔굉일우' 세계의 실현을 바라마지 않았던 사람'

이라고 설명되어 있다.

미야자와 겐지가 누구인가. 「주문이 많은 요리점」, 「첼로 켜는 고슈」는 물론이고 「은하철도의 밤」까지 대표작 모두가 애니메이

10 「미완의 파시즘: 근대 일본의 군국주의 전쟁 철학은 어떻게 만들어졌는가」

션화되었으며 일본의 소설가, 만화가, 애니메이션 제작진들에게도 많은 영향을 미친 동화작가이다. 「은하철도의 밤」은 한국에서도 애니메이션으로 유명한 「은하철도 999」의 상상력의 근원이라는 이야기도 있는, 중요한 작품이다. 한국에도 미야자와 겐지의 동화는 다수 번역되어 있는데, 그런 그가 실은 다나카 지가쿠의 고쿠추카이 회원이었고 다나카가 쓴 「법화경」과 다른 저서에도 깊이 심취하고 있었다는 것이다. 물론 그렇다고 해서 미야자와 겐지나 그의 작품 자체가 소위 말하는 '우익적'이라느니 하는 식의 이야기를 하고 싶은 것은 아니다. 그보다는 일본 문화 안에 「법화경」과 일본의 승려 니치렌의 소위 '일련(니치렌)주의'가 상당히 깊이 내포되어 있다는 그 자체를 지적하고자 하는 것이다. 주의할 점은, 앞서도 언급했듯 일련주의 그 자체나 다나카 지가쿠의 사상 자체가 곧 우익이라고 해버리는 것은 오히려 더 깊은 사고를 제한하는 일종의 '사고 정지'가 될 수 있다. 역자는 그런 표피적인 문제보다도, 이런 일본 문화 속의 이상주의적 요소가 '통과의례'를 거치지 못하고 '성장'을 거부하는 '사춘기' 특유의 현상이고 일본 문화의 상당부분이 그런 '성장을 거부하고 언제까지나 청소년이고 싶어하는' 특성이 기대고 있는 측면이 강하다는 점에 더 주의를 기울이고 싶다.

이런 부분은 일본 문화의 많은 요소에서 드러나고 있는데, 역자는 아무래도 서브컬처 쪽에 주로 관심을 갖고 있으니 만화나 애니메이션 쪽에서 그런 사례를 들어보고자 한다. 오쓰카 에이지는 무라카미 하루키나 오에 겐자부로 등이 그런 '성장을 거부하는' 일본적 특성에서 벗어난 작품을 많이 만들었다고 호평했는데, 그 이야기는 반대로 생각해보면 소위 '순문학' 쪽에서도 성장을 제대로 그

려낸 작품과 성장을 거부하는 작품들이 혼재되어 있다는 의미일 것이다. 문학 외에 영화나 드라마 등 일본의 다양한 분야에서도 사례를 찾을 수 있는데, 대표적인 사례라면 미야자키 하야오를 들 수 있다. 앞서 「센과 치히로의 행방불명」이 소위 '갔다가 돌아오는 이야기'를 통해 성장을 그려내고 있다는 오쓰카 에이지의 지적을 소개했다. 이 '갔다가 돌아오는 이야기'란 바로 어딘가에 '갔다가' 그곳에서 어른으로 '성장'하고 원래 있던 곳으로 돌아오는 이야기를 뜻한다. 이때 주인공은 어른이 되었기 때문에 다시 어린이로 돌아갈 수는 없다. 판타지소설 「반지의 제왕」(J. R. R. 톨킨 지음)은 절대반지를 둘러싸고 주인공 프로도가 반지를 버리러 '갔다가' 자기가 살던 집으로 '돌아오는' 과정을 그리고 있다. 마찬가지로 「센과 치히로의 행방불명」에서 '버블경제의 무너진 유원지'를 통해 유바바가 있는 세계로 들어갔다가 많은 일들을 겪고 작품 끝에서 되돌아온 치히로는 다시 그곳에 가기 전으로 돌아갈 수는 없다. 「마녀배달부 키키」에서 검은 고양이 지지와 대화할 수 있던 키키가, 부모님을 떠나 일을 하러 '갔다가' 빗자루를 타지 못하게 되는 일을 겪고서 결국 다시 빗자루를 탈 수 있게 된(성장) 다음부터는 더 이상 지지와 대화할 수 없게 된다. 사람은 성장하고 나면 동물이나 인형과도 자유롭게 대화할 수 있던 어린 시절로 되돌아갈 수는 없는 법이다. 미야자키 작품 이외에도 스튜디오 지브리 작품에는 이런 '성장'='갔다가 돌아오는 이야기'를 그리는 작품이 많은데, 최신작인 「추억의 마니」(2015년 국내 개봉)에서도 시골로 내려와 어떤 저택으로 '갔다가', 혹은 비바람이 몰아치는 날 창고로 쓰는 탑에 '갔다가' 돌아온 후의 안나는 마니와 만나기 전으로 돌아갈 수는 없다는 것이다. 이런 작품들에서 갔다가 돌아오기 전에 겪는 것이 바로 '통과의례'인데, 「센과 치히로의 행방불명」에서 치히로가 유바바의 목욕탕에서 겪는 일들, 「이웃집 토토로」에서 동생 메이의 실종 사건을 겪고 토토로의 도움을 얻는 사츠키, 「마녀배달부 키키」에서는 빗자루로 날지 못하게 되었다가 톰보를 구하기 위해 다시 날게 된 키키의 경험이 바로 통과의례인 것이다. 통과의례를 겪고 나면 사람은 성장하게 된다는 것이 이들 지브리 작품의 특징이다.

이처럼 미야자키 하야오와 스튜디오 지브리 작품에서는 '성장'이 중요한 테마로 등장한다. 마찬가지로 오쓰카 에이지는 「신세기 에반겔리온」이나 신카이 마코토의 「별의 목소리」를 '일본 애니메이션 중에서 거의 유일하게 호평하는 작품'으로 손꼽는데(「오쓰카 에이지: 순문학의 죽음·오타쿠·스토리텔링을 말하다」, 북바이북, 2015년), 그 이유 역시도 그런 통과의례를 통한 성장의 모습과 제작진들의 작가로서의 고뇌를 제대로 그려냈기 때문이라고 말하는 것이다. 반대로 '성장을 거부하는' 모습에는 어떤 것이 있을까. 일본 서브컬처 분야에서 성장을 거부하는 모습이라고 할 때 문득 바로 떠오르는 것은 '영원한 학원제'이다. 오시이 마모루의 애니메이션 영화 「시끄러운 녀석들 2: 뷰티풀 드리머」는 일본에서 오타쿠 사이에 상당히 호평을 받는 작품이다. 이 작품은 소위 '게임적 리얼리즘'(비평가 아즈마 히로키가 정의한)의 대표격인 작품으로서, 최근의 할리우드 영화 「엣지 오브 투모로우」(원작은 일본의 라이트노벨 「ALL YOU NEED IS KILL」, 사쿠라자카 히로시, 학산문화사, 2007년)에서도 볼 수 있었던 '반복되는 시간'을 그렸다. 그런데 「시끄러운 녀석들 2: 뷰티풀 드리머」에서는 그 반복되는 시간의 내용이 마침 고등학교의 축제, 즉 일본에서 '학원제'라고 부르는 기간이었다. 역시나 '청소년기', '사춘기'와의 연관성을 엿볼 수 있다. 또 라이트노벨을 원작으로 한 TV애니메이션 「스즈미야 하루히의 우울」 2기(2009년)에서는 고등학교 1학년의 여름방학이 계속해서 반복되었고, 호소다 마모루 감독의 애니메이션 「시간을 달리는 소녀」(2006년)에서는 여고생인 주인공이 두 명의 남자친구 사이에서 자신의 연애 감정을 결정하지 못하고서 고백을 받기 전 시간으로 계속해서 '타임리프'(시간을 거슬러 올라감)하는 모습이 그려져 있다. 「시간을 달리는 소녀」의 주인공 마코토가 남자친구 둘 중에 애인을 결정하지 않고 남녀 간의 감정없이 친구로서 셋이 계속해서 지내고 싶어하는 모습은 전형적인 '성장을 거부하는' 행위로 보인다. 하지만 마코토의 그런 '타임리프'는 곧 심각한 문제를 가져오게 되고, 결국 마코토는 성장을 택한다. 오쓰카 에이지식으로 설명하자면 이 역시도 일본 애니메이션의 전형적인 사례에서 벗어난, '비평할 만한 가치가 있는' 작품이 아닌가 하는데, 이런 사례들이 존재하는 반면 그렇지 않은 작품도 현대 일본에는 상당히 많이 출현했다는 것이다. 예를 들어 요즘 라이트노벨의 주인공은 아무런 통과의례 없이도 처음부터 강한 존재이고, 주변의 여자들은 별다른 이유없이 주인공 남자에게 반하며(소위 '하렘물'), 작품의 스토리에 완결이 찾아오지 않아 단행본이 100권이 넘어가도 영원히 끝나지 않거나, 애니메이션의 경우 1기, 2기의 끝이 곧 그 작품 전체 '스토리의 끝'을 그리지 않는 경우가 즐비하다는 이야기다.

특정 개별 작품에 대한 비판으로 여겨지기를 바라진 않기 때문에 굳이 사례를 들진 않겠다. (앞서 언급한 「시끄러운 녀석들 2: 뷰티풀 드리머」 등은 꼭 성장을 거부하는 작품의 사례라고 할 수 있을지 역자 역시도 확실하게 단정을 짓고 있지는 않다.) 하지만 그런 '성장을 거부하는' 작품에 쉽게 빠져드는 계층

이 '혐한 넷우익'이나 '반 여성주의(안티 페미니즘)'에도 쉽게 동화된다는 점은 시사하는 바가 많다. 매스컴이나 정치인들이 뒤에서 한국과 손을 잡고 억지로 한류 열풍을 만들었다든지, 주류 역사학계에는 어떤 특정한 힘을 가진 세력이 있어(한국 국내에서라면 소위 '강단 사학', 일본에서라면 '좌파 자학 사관') 그들에 반대하는 이론을 묵살하고 있다는 식의 '음모론'에 빠져들기 쉬운 것 역시도 마찬가지다. 우리 자신의 청소년기를 돌아보더라도, 어른이 되는 것을 '성장'보다는 '부패'로 바라보고, '20살이 넘으면 자살하겠다'고 하며 성장을 거부하는, 즉 어린이인 채로 있는 것이야말로 '순수'하다는 생각은 누구나 한 번쯤 겪는 일이 아니겠는가.

미야자와 겐지로 대변되는 일본 문화 속에 내포된 이상주의가, 어른이 되는 것을 거부하고 청소년기에 머무르려 하는 '성장에 대한 거부'로 나타난다는 생각은 일본의 작품들을 살펴볼 때에 한 번쯤은 염두에 둘 필요가 있는 부분이 아닌가 생각한다. 그리고 그것이, 역사나 밀리터리와는 거리가 멀고 만화나 애니메이션 등 서브컬처 중심으로 활동해왔던 본 역자가 이 「세계최종전쟁론」을 번역하게 된 계기이다. 이시와라 간지나 「세계최종전쟁론」이 실은 일본의 종교, 사상, 역사는 물론이거니와 실은 만화나 애니메이션 같은 서브컬처와도 연관지어 생각할 부분이 존재한다는 것이다. 이 책을 통해 그런 부분이 좀 더 널리 알려졌으면 한다.

[역자] **선정우** 만화·애니메이션 칼럼니스트. 1995년 국내매체에 기고를 시작했고, 2002년부터는 『요미우리신문』, 『유리이카』 등 일본매체에서 한국문화를 소개해왔다. 저서 「슈퍼 로봇의 혼」, 번역서 「스토리 메이커」, 「캐릭터 메이커」, 「이야기 체조」, 「이야기의 명제」(오쓰카 에이지) 등. 최근 대담집 「오쓰카 에이지: 순문학의 죽음·오타쿠·스토리텔링을 말하다」 출간.
mirugi.com

[전쟁과 인간 시리즈]

世界最終戦争論

세계최종전쟁론

2015년 8월 31일 초판 1쇄 발행

저 자 이시와라 간지
번 역 선정우

발행인 원종우
발 행 이미지프레임 (제25100-2008-00005호)
주소 [427-060] 경기도 과천시 용마2로 3, 1층 (경기도 과천시 과천동 513-82)
전화 02-3667-2654(편집부) 02-3667-2653(영업부) 팩스 02-3667-3655
메일 imageframe@hanmail.net 웹 imageframe.kr

책 값 12,000원
ISBN 978-89-6052489-7 03390